The Handmade Soap Book

The Handmade Soap Book

陳彥 渲染手工皂

The Handmade Soap Book

皂作中，蘊藏他的獨特與堅持……

「炫！」

偶然逛到陳彥部落格看到他的皂作，心裡浮現的就是這個字。很好奇這種前所未見的線條究竟是如何畫出來的，因此日後只要上網總不忘點進去瞧瞧是否有什麼新奇花樣出現。

之後，有一段時間因忙於應付放射療法引起的副作用，而無法使用電腦。間隔許久再次的上網，赫然發現有招生訊息！刻不容緩的以久已不用的英文名字報了名。上課內容果然有渲（染）、有眩（目）、有玄（謎底終於揭曉），可以滿載而歸來形容。

雖然說江湖一點訣，但從課程進行中深深感受現實看似簡單的工具，其實背後藏有許多腦力及時間的付出。陳彥老師的作品風格很難不被人注目認出，因為他的皂作裡蘊藏著他的獨特與堅持。

很高興這本風味不同於以往的皂書面市，提供給手作族更多皂型的想像。

2010／08／01　花蓮姐

種下緣分的種子

原來，緣分從那時就開始了……

2007年，高雄文化局舉辦了一場皂展，我從展場服務人員手中接過一份線條絢麗的手工香皂。純粹的黑與白，線條簡單、明確也果敢……樸實的牛皮紙盒上清楚的烙印著「陳彥手工皂」──是誰呢？格子心中如此的疑問著。溫潤、自然、芬芳，這是格子收到的第一份渲染手工香皂，當然存放於櫃子中捨不得開封。

2009年，幾次與陳老師的電話聯繫過程中，雖沒見過本人，但是字裡行間、言語溝通、完成作品中，隱微地感受到陳老師的個性──耿直、樸實，以及他對手工皂源源不絕的熱情。

2010年，從出版社總編的手中再度拿到陳老師的作品，這回當然迫不及待開啟使用。果真，皂如其人。檜木厚實的味道加上天然油脂的融合，氤成一股溫潤的氣息。果敢、明確的線條渲染成細緻的山水，原來這一塊小方，也是一片萬花世界。透過清水、滑過肌膚，好的東西肌膚會記憶、身體會回應，那一夜格子一家有了一個無憂的夜晚。

緣分的種子在2007年種下，在2010年逐漸發了芽……

珍惜此份因手工皂而來的緣分，也期待因相遇擦出更美麗的火花。

2010年 格子

與你分享美麗的分層與渲染

　　我會迷上手工皂是因為2007年在電視上看到關於手工皂的報導，喜歡它天然的成分，友善對待大地河川，因此而踏入了手工皂的行列。

　　之後，迷上了渲染皂，喜歡它輕盈躍動的線條，不規律的繁複圖案，讓手工皂添加了藝術的美感，也讓一塊平凡的手工皂晉身成為供人欣賞的藝術品。

　　剛學習渲染時，每天都在構思線條的畫法，常常半夜做夢醒來就趕快打一鍋，也多方嘗試用不同的方式渲染。比方使用針筒抽取有色皂液再注入到白色皂液裡渲染；也嘗試拿取杓麵的杓子，再將有色皂液透過杓子往下沖渲。經過了多次的失敗和挫折，終於研發了格板渲染法，讓新手也可以輕鬆的做出美麗的分層和渲染。

　　本書將介紹隨意沖渲法、格板渲染法和回鍋渲染法三種方式。三種方法各有優、缺點，皂液的掌控方式也不同。

　　希望透過本書中各種技法的呈現，能讓你也喜歡上渲染皂的美！

Contents
目錄

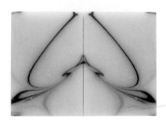

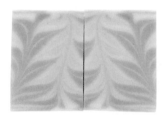

PART 1　認識手工皂

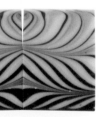

PART 2　製作渲染皂的基本步驟

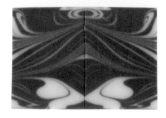

PART 3 一起來作渲染皂

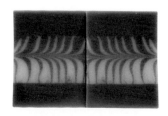 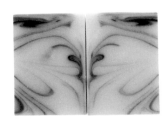 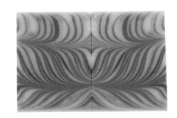

認識手工皂

看似複雜的手工皂，其實一點都不難！

簡單來說，成皂的過程就是一段油脂和鹼液的互相碰撞，再以精油點綴香味，

激盪出各種不同屬性的手工皂。

因此紮實打下作皂的基本知識是相當重要的！瞭解了各種原料的特質和功效，

再搭配你的創意巧思，就能作出一塊專屬於你自己的手工皂。

嗯，作皂真的是一件很快樂的事啊！

作皂的基本知識

手工皂的製作過程是一段複雜的化學變化，為了能全面理解，必須先瞭解製作手工皂的相關名詞和基本步驟，才能快速進入手工皂的世界。

冷製法（Cold Process）

冷製法是最常使用的製皂方法，也是最能保存甘油的製皂方式。以氫氧化鈉加水作成鹼液，與油脂混合形成皂液，皂液溫度控制在50℃以下，所作出的皂就稱為冷製皂，或CP皂（Cold Process）。原理是透過皂化的過程，讓氫氧化鈉和油脂混合，產生皂和甘油。冷製皂除了具有良好的清潔效果之外，甘油則留在肌膚表層，鎖住水分和保護皮膚。剛製作完成的皂內部仍有未完全皂化的物質，通常需放置一個月以上晾皂熟成，讓皂內的水分能充分散失，使PH酸鹼值降至8-9左右就可使用。而本書所有的手工皂皆以冷製法製成。

計算氫氧化鈉重量

皂化價

是指皂化1公克的油脂所需要氫氧化鈉的重量。製作手工皂之前，必須先查清楚配方中各種油脂所需的皂化價，才能準確算出所需要的氫氧化鈉。例如：

橄欖油（皂化值0.134） 300g

椰子油（皂化值0.19） 150g

棕櫚油（皂化值0.141） 150g

300×0.134+150×0.19+150×0.141=89.85

所以，需取用90g（四捨五入）的氫氧化鈉溶於純水中。

水量＝氫氧化鈉重量 × 2倍至2.6倍

90×2＝180

90×2.6＝234

所以，可取用180g至234g之間的水量與氫氧化鈉溶合。

計算皂的軟硬度

INS值

各種油脂的INS值會影響最後成皂的軟硬度。因此在作皂之前必須先計算油脂的INS值是否達到標準值。油脂的INS值是以皂化值——碘價計算出來的。碘價越低的油脂，INS值越高。一般來説，硬油的碘價都較低，如棕櫚油、可可脂、椰子油等。如果配方中的軟油比例較高，如榛果油和甜杏仁油，INS值低，作出來的皂就會偏軟。理想的硬度是INS值在120至160之間，但這並非絕對，皂的軟硬度還取決於水量的多寡，因此在設計配方前，可先計算INS值是否達到符合標準再開始製皂。以下面配方為例（總油600g）：

橄欖油（INS值109）300g

椰子油（INS值258）150g

棕櫚油（INS值145）150g

所作出來的成品INS值是——

（300/600）×109＋（150/600）×258＋（150/600）×145＝155.25

所以，155.25是理想的INS值。

超脂（Superfatting）

所謂的超脂，就是多加入一定百分比的油脂，讓超量的油脂未經過皂化而保留下來，使成品更加滋潤的方式。一般可分為「減鹼」和「加油脂」兩種方式。

● 減鹼——是在計算配方時，先扣除5%的鹼量，使皂化後仍有少許油脂未與鹼作用而留下。

● 加油脂——以正常比例製作，攪拌皂液至濃稠狀後再加入5%的特殊油脂。同樣的，皂化後有少許的油脂未與鹼作用，將特殊油脂本身的特質和功效保留在皂裡，達到油脂最好的功效。

減鹼的計算方式：氫氧化鈉的總重量×0.95

Trace

當鹼水和油脂混合一定程度的狀態，皂液如同沙拉醬一般濃稠，稱之為Trace，通常製作時會以畫「8」字來測試，皂液呈現Trace的狀態，表示油鹼已充分混合，可以將皂液入模。

常用油脂

　　油脂的功用在於保護肌膚、鎖住水分，是保養品中不可或缺的材料。每一種油脂有不同的特殊功效，像是熟齡肌膚適合選用橄欖油、乳油木果脂等滋潤度高的；敏感肌膚就添加酪梨油或甜杏仁油，穩定肌膚狀態。因此，熟悉不同油脂的特性，依照所需的保養種類挑選油脂，才能為自己和家人量身打造一塊專屬的手工皂。

◎ 橄欖油 Olive Oil

　　分成Extra Virgin、Virgin、Pure、Light等級。Extra Virgin所含的營養成分最高，但皂化的時間很長，較不適合作皂，通常使用Pure等級的橄欖油即可。橄欖油含保濕、保護及治癒皮膚的功能，洗完後肌膚會變得光滑柔嫩。100%的橄欖皂在歐洲國家有「皂王」之稱。

◎ 椰子油 Coconut Oil

　　作成皂後硬度較高，去污力強，容易起泡，但是使用太頻繁會使皮膚乾澀。如果作成洗臉皂，建議不要超過全部油脂的20%。高比例的椰子油皂適合製作清潔力高的家事皂。

◎ 酪梨油 Avocado Oil

　　含有非常豐富的維他命A、B群、D、E及其他營養素。滋潤度高、保濕效果佳，且非常容易被皮膚吸收，具有軟化及治癒皮膚的功能。能產生適當的泡沫，對皮膚非常溫合，適合嬰兒和過敏性皮膚者使用。

◎ 荷荷芭油 Jojoba Oil

　　由於荷荷芭油的組成結構和皮膚油脂非常類似，非常容易被肌膚吸收，保濕效果極佳，能在皮膚形成一道保濕膜。具抗氧化、抗發炎、修護細胞的功能，能有效改善肌膚問題。保存期限長，且適合用來作超脂，建議用量在10%以內，就可作出優質的手工皂。

◎ 蓖麻油 Castor Oil

　　蓖麻油是一種無色（或極淺的黃色）的黏稠液體，內含的蓖麻酸醇能軟化頭髮和皮膚，具有緩和及潤滑皮膚的功能，很適合用來製作洗髮皂。

　　所製成的手工皂不僅泡沫多且有微微透明感，因此也是製作透明皂基的主要油脂。它溫和及穩定的特性更可以幫助維持精油、香精的香味，但缺點在於不易脫模，建議用量10%以內。

◎ 榛果油 Hazelnut Oil

　　各種礦物質含量多，保濕力強，有助於皮膚再生，防止老化效果佳。常用來作超脂，只要一點點即可有很好的效果，適合用來作冬天的手工皂。榛果油屬於軟性油脂，不易起泡，價格較高且保存期限短，可放在冰箱保存。建議一般用量20%即可。

◎ 可可脂 Cocoa Butter

在常溫下，可可脂為固態，有一股香香的巧克力味道，也可以買到脫味的白色可可脂。添加在手工皂配方時，可以增加硬度，抑制溶化變形。可可脂幾乎都是飽和脂肪酸，因此不易變質。能滋潤柔軟皮膚，但起泡力不佳，建議用量10%以內。

◎ 甜杏仁油 Sweet Almond Oil

甜杏仁原油呈淡黃色，含有維生素A、B群、E，礦物質含量也多，具豐富的保濕力，質地相當輕柔、潤滑，能軟化肌膚角質，適合乾性、敏感膚質或嬰兒使用，常被用來製作乳霜、唇膏、按摩油及手工皂，會產生乳液般細緻蓬鬆的泡沫，作成皂時容易溶化、變形，須適當調入抗溶化的油脂。甜杏仁油也常被用來當作超脂使用，保存期限短，須放在冰箱保存使用。

◎ 米糠油 Rice Bran Oil

米糠油是由糙米外表的一層米糠所製造出來的，含有抗氧化效果的維生素E、蛋白質、維生素等。作成皂後起泡佳，帶點微透明感。使用起來清爽，且保濕效果佳，適合製作按摩油、化妝水、眼霜等產品。

米糠油比其他的液狀油較易Trace，完成的手工皂硬度適中，但抗溶化性不佳，可搭配一些抗水性好的油脂作皂，用量可依個人喜好調配20%以上，很適合用來製作液體皂。

◎ 乳油木果脂 Shea Butter

乳油木果脂原產於非洲，含豐富的維他命B群，能緩和及軟化皮膚，並可提高皮膚保水度，適合嬰兒及過敏性皮膚者使用，作出來的皂質地溫和、較硬且不易變形，也適合用來作超脂，是製作手工皂的高級素材。建議用量在5％至10％。

常用油脂皂化價

常用油脂	氫氧化鈉皂化價	硬度INS
橄欖油	0.134	109
米糠油	0.128	70
甜杏仁油	0.136	97
酪梨油	0.133	99
芥花油	0.1241	56
蓖麻油	0.1286	95
棕櫚油	0.141	145
可可脂	0.137	157
椰子油	0.19	258
棉籽油	0.1386	89
芝麻油	0.133	81
乳油木果脂	0.128	116
白油	0.136	115
葡萄籽油	0.1265	66
大豆油	0.135	61
榛果油	0.1356	94
荷荷芭油	0.069	11
夏威夷果油	0.135	24
澳洲胡桃油	0.139	119
小麥胚芽油	0.131	58
芒果脂	0.1371	146
月見草油	0.1357	30
玫瑰果油	0.1378	16
苦茶油（山茶花油）	0.1362	108
牛油	0.1405	147
綿羊油	0.1383	156
豬油	0.138	139

常用精油

　　作皂時添加一些精油，不僅能增加香氛，還能有助於舒緩緊繃的神經，而特殊的精油成分也能改善肌膚問題。添加精油的比例建議在2％至3％。

◎ 薰衣草 Lavender

　　有效舒緩神經，有助於安眠和鎮定。可殺菌、消炎；平衡皮膚，防治蚊蟲叮咬，恢復皮膚活力，改善青春痘。

◎ 檸檬 Lemon

　　呈淡淡的黃綠色，清爽微酸的氣味能提振心神。具抗菌、美白和收斂毛孔的效果，有益於油性肌膚。

◎ 迷迭香 Rosemary

　　可緊實肌膚，防止老化。用於洗髮皂時，可修護髮絲，刺激毛髮生長。

◎ 快樂鼠尾草 Clary-Sage

　　散發香甜、堅果般的氣味。適用於各種膚質，可消炎、抗菌，促進細胞再生、頭髮生長。

◎ 薄荷 Peppermint

　　具有清涼提神的效果。可消炎、止癢，防治黑頭粉刺，有益於油性肌膚。

◎ 洋甘菊 Chamomile

　　有濃厚的香甜味。安撫、鎮靜肌膚的效果絕佳，可改善皮膚發炎過敏，使頭髮柔順、有光澤。

◎ 茶樹 Tea Tree

茶樹是天然的抑菌劑，可抗菌、消炎，改善問題肌膚，防治頭皮屑。純粹的木質香味，味道會稍微刺鼻。

◎ 檜木 Hinoki

似芬多精的自然氣味，可收斂傷口、消炎，促進細胞新陳代謝。

◎ 羅勒 Basil

散發微帶酸味的淡淡甜香。可抗菌、防蚊，安撫頭痛的效果很好，特別是因神經緊張引起的偏頭痛。羅勒精油略帶刺激性，不適用於敏感性肌膚。

天然染料

　　本書的渲染皂皆採用天然的粉類調色，顏色雖不如使用合成染料來得鮮豔亮眼，但天然染料具有純淨、不傷膚質的特性，對人體是有加分的效果。以下為作皂時常用的調色材料：

紅

◎ **澳洲珊瑚紅礦泥粉**

　　取自於兩百萬年歷史的澳洲昆士蘭礦床區。含豐富的礦物質，能使疲乏的細胞恢復生氣，促使皮膚恢復光澤。

粉紅

◎ **澳洲粉紅礦泥**

　　適用各種膚質，特別是乾性和敏感肌膚，能軟化肌膚角質層，有效保濕，改善皮膚乾燥情況。

綠

◎ **法國綠礦泥粉**

　　是一種吸附力最強的礦泥，有去角質和深層清潔的功效，適用於油性和面皰肌膚。富含鈣、鎂、鉀及鈉，能補充結締組織所需的養分。

◎ 有機大堡礁深海泥

呈現天然的綠色。富含多種礦物質。具有良好的吸附油脂功能，深層清潔肌膚，代謝老廢角質，適合中油性、毛孔粗大及容易產生粉刺的肌膚。

黑

◎ 竹炭粉

竹炭粉是天然活性介面劑，可清除遺留在毛細孔內的髒污，具有改善油性肌膚、去角質的效果。

褐

◎ 何首烏粉

是天然的頭髮護理配方，滋養髮根，使頭髮烏黑亮麗，常用來製作洗髮皂。

淺灰

◎ 乳香粉

撫平肌膚細紋，它具收斂的特性能平衡油性膚質。

橘

◎ 紅麴粉

天然染劑，成皂後會呈現紅偏橘色。

黃

◎ β 胡蘿蔔素

是植物色素的一種，為脂溶性，成皂後會呈現黃色。

製皂工具

◎ 不鏽鋼鍋

用來盛裝皂液，可利用淘汰下來的舊鍋具。氫氧化鈉為鹼性，因此請注意不可使用鋁製或銅鐵的器具，避免腐蝕。

製作渲染皂時，最好準備兩個以上的不鏽鋼鍋，方便同時製作兩種不同顏色的皂液。

◎ 手套

準備一般的塑膠手套即可。為了避免皂液滲透，請不要使用棉質的手套。

◎ 護目鏡

塑膠製護目鏡。在製作時，皂液有可能濺出，請務必戴上護目鏡以保護眼睛。

◎ 圍裙

用來保護衣物，若被皂液濺到，衣服易褪色。

◎ 溫度計

準備兩支可測量100℃以上的溫度計，一支用來測量油脂溫度，一支測量氫氧化鈉鹼液的溫度。

◎ 秤

精確測量所需材料的重量。每份材料的重量關係著作皂的成敗，可選用電子秤，精密度較高，操作也較容易。

◎ 量杯

選擇耐熱材質的玻璃杯或PP材質的塑膠量杯。用來測量氫氧化鈉和水的容量,並製作鹼液。

◎ 不鏽鋼匙

用來攪拌氫氧化鈉和水的鹼液,建議準備數支。

◎ 橡皮刮刀

準備兩支以上的刮刀。皂液入模後,用來刮取殘留在不鏽鋼鍋內的皂液。也可用於渲染時,攪拌皂液畫出線條。

◎ 打蛋器

選用不鏽鋼材質的打蛋器,耐用度較久。

◎ 造型矽膠膜

特殊造型的模具。將皂液入模,讓手工皂的形狀更具豐富的變化。

◎ 木盒 · 矽膠模具

用來使皂液入模,採用矽膠材質能有效保溫皂液。

◎ 壓克力格板

　　用於皂液分層。在格板渲染法時使用，分成四格格板、十格格板。

◎ 保溫袋

　　皂液入模後，用於保溫。保溫袋裡的材料是特別配置的配方，包含海鹽、紅豆和中藥材等。使用前放入微波爐加熱即可。

可用於渲染的工具
攪拌棒、橡皮刮刀、不鏽鋼匙

　　渲染的工具不一定要使用專門的渲染棒，可以多方嘗試不同的工具，挑選自己最順手又方便使用的工具。

製作渲染皂的基本步驟

在瞭解製皂的基本知識後，現在就來實地操作，作出屬於你的渲染皂。

為了避免在製作過程中手忙腳亂，

建議在作皂前將所有的器具先準備好放在一旁，

一氣呵成地完成製皂的動作。

格板渲染法

　　在經歷過各種的嘗試，最後終於研發出利用格板模具輕鬆作出富有變化的渲染皂。我採用四格和十格的格板，不同的格數，所渲染出的會有不同的驚人變化。格板渲染的優點在於入門容易，失敗率低，可輕鬆完成分層，渲染出規律的線條。因此可以大量製作出相同的渲染皂。但是需要常常清洗格板，以免汙染下一批製作的手工皂。

A．製作鹼液和油脂

1 溶鹼

　　計算配方中所需的氫氧化鈉重量，放入耐熱塑膠量杯（也可以玻璃杯或不鏽鋼量杯盛裝）。倒入已量取好的純水，以不鏽鋼匙攪拌至完全溶解，呈現透明無色後即完成。氫氧化鈉加水會產生熱能，需降溫至約45℃至50℃後再與油脂混合。

2 準備油脂

　　計算配方中所需的油脂重量，倒入鍋中。若有兩種以上的油脂，建議先分別測量各個油脂的重量，再一起倒入混合，防止出錯。盛裝的容器需使用不鏽鋼鍋，便於加熱。

製作鹼液的注意事項

1. **準備手套、圍裙、護目鏡**：由氫氧化鈉所製成的鹼液必須避免接觸皮膚。製作時，請穿戴好必要的防護。
2. **需在良好通風處進行**：氫氧化鈉加水時溫度會升高，且冒出白色氣體，不宜在密閉處製作。若在廚房操作時，請務必開啟抽油煙機，小心注意不要吸入氣體。
3. **使用耐熱塑膠量杯、不鏽鋼鍋或玻璃杯**：避免氫氧化鈉的鹼液腐蝕器具，並且與食用的鍋碗器具作區別。

　　氫氧化鈉和水混合後的溫度約在90℃左右，要等溫度降至45℃至50℃，再與油脂混合。製作時，請把鹼水放置在安全的地方，以免打翻。

B · 打皂

3 油鹼混合

將油脂加熱至約
50℃，鹼液降至45℃
至50℃時，慢慢將鹼液
倒入油脂中以打蛋器攪
拌。

---

4 持續攪拌

採順時針或逆時
針方向持續攪拌，直至
Trace。攪拌時間約20至
30分鐘，盡量採取同一
方向，可避免氣泡產生。
等皂液打至濃稠後，畫
「8」字測試是否有達到
Trace。

TIPS

通常打皂失敗的原因
1.皂液的濃稠度不夠。
2.溫度太低。
3.打皂的動作不夠確實。

　　因此，打渲染皂時，油溫要保持在40℃以上，攪拌的動作要快速確實。如
果冬天天氣寒冷，且桌面是玻璃、不鏽鋼或是石材材質，請以物品隔離皂鍋和桌
面（如利用毛巾、報紙或木板等），以免皂液失溫，使皂體產生雪花或鬆糕的現
象。

　　冬天時皂液的溫度會下降得很快，請特別注意。若溫度低於40℃，隔水加熱
後再繼續攪拌即可。

C · 分層入模

5 分鍋

分鍋前加入精油。將皂液平均分至兩鍋,加入
所需的染料調色。

6 分層入模

共有四格格板和十格格板的壓克力模具。將兩
鍋的皂液分別倒入矽膠模具,皂液的高度需相同,
作出規律的顏色分層後,垂直拉起格板即可。

四格格板

1. 基礎油倒入第一、三格,竹炭皂液倒入第二、四格。

2. 再垂直拉起格板。完成。

十格格板

作法與操作四格格板時相同。

TIPS

1.入模前,先畫「8」字測試皂液濃稠度

　　攪拌時,拉起打蛋器後利用滴下的皂液畫出「8」字形狀。如果可以明顯看到皂液上呈現「8」字的形狀,就表示皂液已至Trace。

2.每格倒入皂液的高度需一致

　　倒入皂液時,需注意高度是否相同,以免產生皂面不平的情形。以格板入模可確實地作出分層的效果,而且能製作規律的線條,如果需要大量製作相同的渲染皂,使用格板渲染法是相當不錯的選擇。

3.若家中沒有格板模具,可多次分層倒入皂液製作。但製作期較長,且成皂容易分裂。

D、渲染

7 拉線渲染

準備刮刀或渲染棒。如果沒有準備刮刀等,可
使用自己覺得順手的工具進行渲染。

四格格板

第一刀──以渲染棒或刮刀上下畫出「W」形曲線,將皂液的顏色混合。

 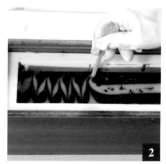 

第二刀──再左右畫直線或畫出「S」形波浪。

十格格板

第一刀──以渲染棒或刮刀左右畫出「S」形曲線,將皂液的顏色混合。

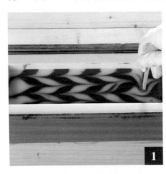

第二刀──再由上而下畫出「W」形的波浪線條。

TIPS

渲染棒和刮刀須垂直插入皂液,直到底層進行攪動,用力推擠皂液使顏色混合,否則僅是表層完成渲染,而底層無法呈現漂亮的線條。

32

E、保溫‧皂化完成

8 入保溫箱

　　將渲染完成的皂液蓋上盒蓋，放入保麗龍箱，鋪上一層毛巾和保溫袋，讓溫度維持約50℃至60℃，靜置約一至兩天，讓它持續皂化。

9 脫膜

　　待手工皂皂化完成後即可進行脫膜。

10 切皂&修皂

　　脫膜完成後先靜置一天後才進行修邊，最簡單的方法就是以一般料理用刨刀直接刮除皂邊，讓線條展露出來。

　　再來就以切皂器進行切皂，先大塊初切，再一塊一塊地對切，對切後就可看到令人驚豔的圖騰。

　　然後一塊一塊地進行細緻的修邊，只要使力平均，即使是以料理用刨器進行整面修飾，也可以展現平整的皂面。再將手工皂靜置一個禮拜，記得蓋上製作日期或皂章喔！

　　晾皂約一個月後，再以保鮮膜包覆起來就可以囉！

TIPS

1. 保溫的效果在於讓皂液自然地慢慢降溫，以免發生鬆糕的現象。此處使用的是自製的保溫袋，若家中沒有保溫袋，直接以毛巾覆蓋保溫即可。
2. 如果沒有專門的切皂器，也可以使用一般削果皮的刨刀修飾皂的邊角，讓皂面看起來平整美觀即可。
3. 完成後如果手工皂本身還是有雪花或鬆糕的現象，請不要丟棄它。可以切成小塊或刨成絲狀，放入電鍋蒸煮捏成皂球後繼續使用。

隨意沖渲法

　　使用隨意沖渲法可以依照自己的創意，自由作出想要的線條和圖騰，作出來的成品往往會有出乎意料的驚喜。製作時需將有色皂液拿至30公分至40公分向下隨意沖渲，優點在於呈現不規則的自然線條，線條多變化、富有生命力，可以免去清洗壓克力的過程；缺點則是門檻較高，無法渲出相同線條，容易失敗，且易產生小氣泡，需不斷進行消泡的動作。

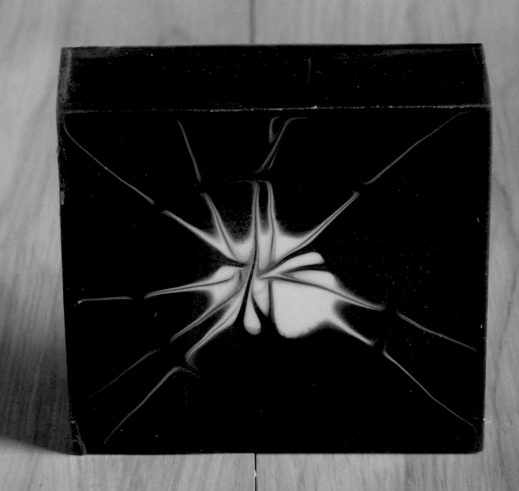

A · 製作鹼液和油脂

1 溶鹼

計算配方中所需的氫氧化鈉重量，放入耐熱塑膠杯（也可以玻璃杯或不鏽鋼量杯盛裝）。倒入已量取好的純水，以不鏽鋼匙攪拌至完全溶解，呈現透明無色後即完成。氫氧化鈉加水會產生熱能，需降溫至45℃至50℃後與油脂混合。

2 準備油脂

計算配方中所需的油脂重量，倒入鍋中。若有兩種以上的油脂，建議先分別測量各個油脂的重量，再一起倒入混合，防止出錯。盛裝的容器須使用不鏽鋼鍋，便於加熱。

製作鹼液的注意事項

1. **準備手套、圍裙、護目鏡：**由氫氧化鈉所製成的鹼液必須避免接觸到皮膚。因此製作時，請穿戴好必要的防護。
2. **在良好通風處進行：**氫氧化鈉加水時溫度會升高，且冒出白色氣體，不宜在密閉處製作。若在廚房操作時，請務必開啟抽油煙機，小心注意不要吸入氣體。
3. **使用耐熱塑膠杯、不鏽鋼鍋或玻璃杯：**避免氫氧化鈉的鹼液腐蝕器具，並且與食用的鍋碗器具作區別。

氫氧化鈉和水混合後的溫度約在90℃左右，要等溫度降至45℃至50℃，再與油脂混合。請把鹼水放置在安全的地方，以免打翻。

B · 打皂

3 油鹼混合

將油脂加熱至約50℃，鹼液降至45℃至50℃時，將鹼液慢慢倒入油脂中以打蛋器攪拌。

4 持續攪拌

採順時針或逆時針方向持續攪拌，直至Trace。盡量採取同一方向，可避免氣泡產生。等皂液打至濃稠後，畫「8」字測試是否有達到Trace。

TIPS

1.入模前，先畫「8」字測試皂液濃稠度

攪拌時，拉起打蛋器後利用滴下的皂液畫出「8」字形狀。如果可以明顯看到皂液上呈現「8」字的形狀，就表示皂液已至Trace。

2.通常打皂失敗的原因：

①皂液的濃稠度不夠。　②溫度太低。　③打皂的動作不夠確實。

因此打渲染皂時，油溫要保持在40℃以上，攪拌的動作要快速確實。如果冬天天氣寒冷，且桌面材質為玻璃、不鏽鋼或是石材材質，請以物品隔離皂鍋和桌面（如利用毛巾、報紙或木板等），以免皂液失溫，使皂體產生雪花或鬆糕的現象。

冬天時皂液的溫度會下降得很快，請特別注意。若溫度低於40℃，隔水加熱後再繼續攪拌即可。

C・入模

5 分鍋

分鍋前加入精油。將Trace完成的皂液取出約80g至100g至小量杯中,加入顏色,攪拌均勻。

----

6 入模

先將基礎油倒入矽膠模具中,再將小量杯中的有色皂液往下隨意沖入模具中。拿取的高度需為30至40公分,沖下去的力道才能夠到達皂液的底層。

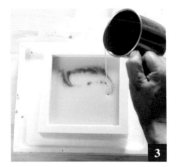

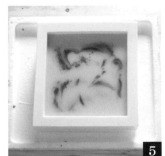

7 拉線渲染

準備刮刀，像炒菜的方式隨意的上下翻攪，翻攪完成後再以細的渲染棒修飾線條，就完成了渲染動作。

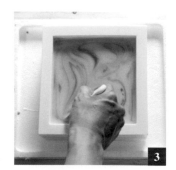

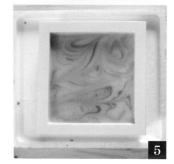

TIPS

1. 刮刀需垂直向下直至底層攪動，雖然從皂液的表層不容易看出線條，但脫膜後在皂的內部可以明顯看出線條的變化。
2. 若有多餘的皂液，不要浪費，混合剩餘的皂液，倒入造型模內，就會變成一塊具有獨特色彩和造型的皂喔！

E、保溫 · 皂化完成

8 入保溫箱

　　將渲染完成的皂液蓋上盒蓋，放入保麗龍箱，鋪上一層毛巾和保溫袋，讓溫度維持約50℃至60℃，靜置一至兩天，讓它持續皂化。

---

9 脫膜

　　待手工皂皂化完成後即可進行脫膜。

10 切皂&修皂

　　脫膜完成後靜置一天才進行修邊，最簡單的方法就是以一般料理用刨刀直接刮除皂邊，讓線條展露出來。再來就以切皂器進行切皂，先大塊初切，再一塊一塊地對切，對切後就可看到令人驚豔的圖騰。

　　然後一塊一塊地進行細緻的修邊。晾皂約一個禮拜後，記得蓋章製作日期或皂章喔！

晾皂約一個月後，再以保鮮膜包覆起來就可以囉！

TIPS

1. 保溫的效果在於讓皂液自然地慢慢降溫，以免發生鬆糕的現象。此處使用的是自製的保溫袋，若家中沒有保溫袋，直接以毛巾覆蓋保溫即可。
2. 如果沒有專門的切皂器，也可以使用一般削果皮的刨刀修飾皂的邊角，讓皂面看起來平整美觀即可。
3. 完成後如果皂本身還是有雪花或鬆糕的現象，請不要丟棄它，可以切成小塊或刨成絲狀，放入電鍋蒸煮後捏成皂球，即可繼續使用。

特殊渲法

　　隨意渲染法除了以上所述的方式之外，還可以運用管狀模具輔助，作出不同的渲染變化。

1 皂液入模前，先將圓筒放置模具中央。倒入有色皂液。

2 將基礎油倒入圓筒中。高度需和有色皂液相同。

3 抽出圓筒，開始拉線渲染。可隨意拉出喜歡的線條。

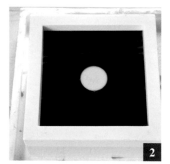

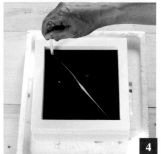

4 完成後，置入保溫箱
一至兩天。

5 成品。

6 切皂後可看到令人驚
喜的圖騰。

回鍋渲染法

若開始渲染時，發覺皂液太濃稠無法渲染時，這時改用回鍋渲染法，絕對是你最好的選擇。混合皂液，並倒入造型矽膠膜。不僅有令人討喜的造型，且呈現如大理石般暈染的色彩，讓每次的成皂都有不同的驚喜。

1 倒出十分之一的皂液添加顏色，攪拌均勻後再倒入
基底鍋中。

2 利用刮刀上下畫個三
至五刀，混合皂液。

3 將皂液倒入矽膠模中
保溫即可完成。

4 待保溫一至兩天後即可脫膜，脫膜時請務必小心。

　　依皂量的多寡，你可以選擇不同的模型來製作，上圖範例所選擇的是有造型的矽膠模，非常討喜喔！

　　如果你所選擇的是長條形的矽膠模，以回鍋渲染所展現出來的線條有別於格板渲染和隨意沖渲法的線條，呈現出有如大理石和雲層般的味道，在切皂時如果利用切面的不同，就可以讓皂展現出不同的圖騰，創造出令人驚喜的渲染皂。

模具壓製法

　　除了利用渲染法製皂，另外可利用模具，作出獨特的造型。

1 利用模具壓出形狀。　　**2** 將皂液倒入缺口，放入保溫箱中一至兩天，等待第二次成皂。完成後即可脫膜。

成皂後的注意事項

1.完成後，需將成品放置陰涼通風處，一個月後才能使用。其目的是讓皂內的水分散失，以免酸敗。

2.冷製皂接觸空氣後會產生氧化，皂面上會出現皂粉。出現皂粉時不必過於擔心，放置通風陰涼處保存即可，

3.手工皂因為無添加防腐劑，建議須在一年內使用完畢。若皂面出現黃色斑點，或聞起來有油味，表示內部的甘油產生酸敗的變化，建議拿來作為家事皂使用。

皂品的包裝設計

　　運用點巧思，以獨特的設計包裝自己心愛的手工皂，是最令人開心的事。

　　一個簡單的紙盒設計，就能展現優雅大方的氣質，外層再以阿媽的傳統花布或是麻繩材質固定，再加上造型配飾的點綴，就成為讓人眼睛一亮的典雅包裝，非常適合送給親朋好友喔！

一起來作渲染皂

讓線條和圖騰隨意奔馳，

創意和韻味恣意張揚，

渲染出綻放絢爛光華的手工皂。

珊瑚紅石泥淨膚皂

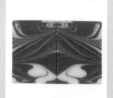

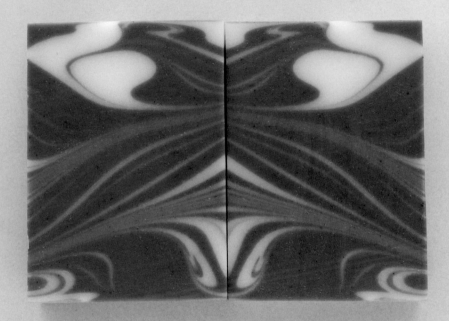

材料
- 橄欖油 280g
- 米糠油 120g
- 蓖麻油 40g
- 甜杏仁油 40g
- 椰子油 160g
- 硬棕櫚油 200g
- 乳油木果脂 40g
- 總油量 880g
- 氫氧化鈉（已減鹼5%）121g
- 水 303ml

總重 1304g

添加物
- 珊瑚紅石泥粉 1匙
- 薰衣草精油 20g
- （1g約20滴）

52

製作鹼液和油脂

❶ 準備鹼液和油脂：計算好氫氧化鈉的重量後，放入耐
熱塑膠杯，在通風處倒入純水，攪拌至完全溶解，等
待降溫至45℃至50℃後與油脂混合。
計算配方中所需的油脂重量，倒入不鏽鋼鍋中。

打皂

❷ 油鹼混合後攪拌：將油脂加熱至約50℃。鹼液倒入油
脂中，以打蛋器攪拌。
採順時針或逆時針方向持續攪拌約20至30分鐘，若皂
液溫度低於40℃，則須隔水加熱。以畫「8」字的方
式測試是否有達到Trace。

分層入模

❸ 分鍋、加入添加物：分鍋前加入薰衣草精油。將皂液
平均分成兩鍋，其中一鍋添加珊瑚紅石泥粉，攪拌均
勻。
❹ 分層入模：將珊瑚紅皂液倒入四格格板第一、三格，
基礎油倒入第二、四格。完成後將格板垂直取出。

渲染

❺ 拉線渲染：拿取刮刀先上下畫出「W」形曲線，再左
右畫兩條大波浪線條。
TIPS 使用刮刀和渲染棒能呈現出不一樣的渲染線條，
因此，建議你選擇自己順手的工具，嘗試不同的線條喔！

渲染畫法　第一刀——　第二刀⋯⋯

珊瑚紅
白
珊瑚紅
白

皂化完成

❻ 保溫：將渲染完成的皂液放入保麗龍箱，鋪上一層毛
巾和保溫袋，讓溫度維持約50℃至60℃，靜置約一至
兩天，待手工皂皂化完成後即可進行脫膜。
❼ 切皂&修皂：脫膜完成後先靜置一天再進行切皂、修
皂，約一個禮拜後蓋皂章。歷經約一個月的晾皂後，
再以保鮮膜包覆，放置陰涼通風處保存。

竹炭潔膚皂

㊀ 橄欖油 280g
㊁ 米糠油 120g
蓖麻油 40g
可可脂 40g
椰子油 160g
硬棕櫚油 200g
乳油木果脂 40g

總油量 880g

氫氧化鈉（已減鹼5%）121g
水 303ml
───────────
總重 1304g

㊉ 竹炭粉 1匙
㊊ 檜木精油 20g
㊋ （1g約20滴）

製作鹼液和油脂

❶ 準備鹼液和油脂：計算好氫氧化鈉的重量後，放入耐熱塑膠杯，在通風處倒入純水，攪拌至完全溶解，等待降溫至45℃至50℃後與油脂混合。
計算配方中所需的油脂重量，倒入不鏽鋼鍋中。

打皂

❷ 油鹼混合後攪拌：將油脂加熱至約50℃。鹼液倒入油脂中，以打蛋器攪拌。
採順時針或逆時針方向持續攪拌約20至30分鐘，若皂液溫度低於40℃，則須隔水加熱。以畫「8」字的方式測試是否有達到Trace。

分層入模

❸ 分鍋、加入添加物：分鍋前加入檜木精油。將皂液平均分成兩鍋，其中一鍋添加竹炭粉，攪拌均勻。
❹ 分層入模：將基礎油倒入四格格板的第二、三格，竹炭粉皂液倒入第一、四格。完成後將格板垂直取出。

渲染

❺ 拉線渲染：拿取渲染棒先上下畫出「W」形曲線，再左右畫一條大波浪線條。

渲染畫法　第一刀 —— 第二刀 ⋯⋯⋯

皂化完成

❻ 保溫：將渲染完成的皂液放入保麗龍箱，鋪上一層毛巾和保溫袋，讓溫度維持約50℃至60℃，靜置約一至兩天，待手工皂皂化完成後即可進行脫膜。
❼ 切皂&修皂：脫膜完成後先靜置一天再進行切皂、修皂，約一個禮拜後蓋皂章。歷經約一個月的晾皂後，再以保鮮膜包覆，放置陰涼通風處保存。

迷迭紅麴皂

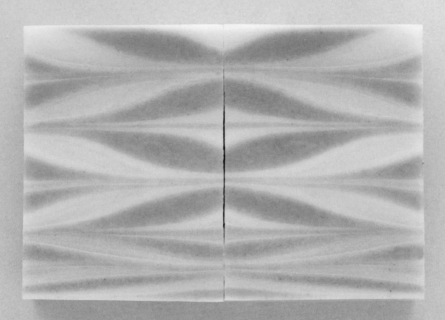

㊤ 橄欖油 200g
㊦ 米糠油 120g
榛果油 100g
椰子油 160g
硬棕櫚油 180g
乳油木果脂 120g

總油量 880g

氫氧化鈉（已減鹼5%）121g

水 303ml

總重 1304g

㊕ 紅麴粉 2匙
㊕ 迷迭香精油 20g
㊕ （1g約20滴）

製作鹼液和油脂

① 準備鹼液和油脂：計算好氫氧化鈉的重量後，放入耐熱塑膠杯，在通風處倒入純水，攪拌至完全溶解，等待降溫至45℃至50℃後與油脂混合。
計算配方中所需的油脂重量，倒入不鏽鋼鍋中。

打皂

② 油鹼混合後攪拌：將油脂加熱至約50℃。鹼液倒入油脂中，以打蛋器攪拌。
採順時針或逆時針方向持續攪拌約20至30分鐘，若皂液溫度低於40℃，則須隔水加熱。以畫「8」字的方式測試是否有達到Trace。

分層入模

③ 分鍋、加入添加物：分鍋前加入迷迭香精油。將皂液平均分成兩鍋，其中一鍋添加紅麴粉，攪拌均勻。
④ 分層入模：將紅麴粉皂液倒入十格格板的單數格，基礎油倒入雙數格。皂液的高度需相同，完成後將格板垂直取出。

渲染

⑤ 拉線渲染：拿取渲染棒以橫向的方式，左右來回畫出「S」形曲線。

渲染畫法　第一刀——

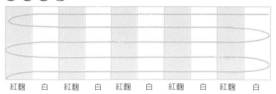

| 紅麴 | 白 | 紅麴 | 白 | 紅麴 | 白 | 紅麴 | 白 | 紅麴 | 白 |

皂化完成

⑥ 保溫：將渲染完成的皂液放入保麗龍箱，鋪上一層毛巾和保溫袋，讓溫度維持約50℃至60℃，靜置約一至兩天，待手工皂皂化完成後即可進行脫膜。
⑦ 切皂＆修皂：脫膜完成後先靜置一天再進行切皂、修皂，約一個禮拜後蓋皂章。歷經約一個月的晾皂後，再以保鮮膜包覆，放置陰涼通風處保存。

女人香潔膚皂

材料
橄欖油 200g
米糠油 120g
蓖麻油 40g
甜杏仁油 80g
榛果油 40g
椰子油 160g
硬棕櫚油 200g
乳油木果脂 40g
總油量 880g
氫氧化鈉（已減鹼5%）121g
水 303ml
─────────────
總重 1304g

添加物
珊瑚紅礦泥粉 1匙
薰衣草精油 20g
（1g約20滴）

製作鹼液和油脂

❶ 準備鹼液和油脂：計算好氫氧化鈉的重量後，放入耐熱塑膠杯，在通風處倒入純水，攪拌至完全溶解，等待降溫至45℃至50℃後與油脂混合。
計算配方中所需的油脂重量，倒入不鏽鋼鍋中。

打皂

❷ 油鹼混合後攪拌：將油脂加熱至約50℃。鹼液倒入油脂中，以打蛋器攪拌。
採順時針或逆時針方向持續攪拌約20至30分鐘，若皂液溫度低於40℃，則須隔水加熱。以畫「8」字的方式測試是否有達到Trace。

分層入模

❸ 分鍋、加入添加物：分鍋前加入薰衣草精油。將皂液平均分成兩鍋，其中一鍋添加珊瑚紅礦泥粉，攪拌均勻。

❹ 分層入模：將基礎油倒入四格格板的第一、三格，再將珊瑚紅礦泥粉皂液倒入第二、四格。完成後將格板垂直取出。

渲染

❺ 拉線渲染：拿取渲染棒先上下畫出「W」形曲線，再左右畫兩條直線。

渲染畫法　第一刀——　第二刀……

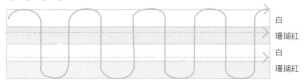
白
珊瑚紅
白
珊瑚紅

皂化完成

❻ 保溫：將渲染完成的皂液放入保麗龍箱，鋪上一層毛巾和保溫袋，讓溫度維持約50℃至60℃，靜置約一至兩天，待手工皂皂化完成後即可進行脫膜。

❼ 切皂&修皂：脫膜完成後先靜置一天再進行切皂、修皂，約一個禮拜後蓋皂章。歷經約一個月的晾皂後，再以保鮮膜包覆，放置陰涼通風處保存。

甜杏仁淨膚皂

  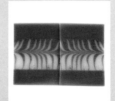

材料
橄欖油　200g
米糠油　200g
甜杏仁油　80g
椰子油　160g
棕櫚油　200g
可可脂　40g

總油量 880g
氫氧化鈉（已減鹼5%）121g
水 303ml
─────────────
總重 1304g

添加物
竹炭粉 1匙
檜木精油 20g
（1g約20滴）

製作鹼液和油脂	❶ 準備鹼液和油脂：計算好氫氧化鈉的重量後，放入耐熱塑膠杯，在通風處倒入純水，攪拌至完全溶解，等待降溫至45℃至50℃後與油脂混合。 計算配方中所需的油脂重量，倒入不鏽鋼鍋中。

打皂

❷ 油鹼混合後攪拌：將油脂加熱至約50℃。鹼液倒入油脂中，以打蛋器攪拌。
採順時針或逆時針方向持續攪拌約20至30分鐘，若皂液溫度低於40℃，則須隔水加熱。以畫「8」字的方式測試是否有達到Trace。

分層入模

❸ 分鍋、加入添加物：分鍋前加入檜木精油。將皂液分成兩鍋，重量分別為¾和¼，其中占總重¾的鍋添加竹炭粉，攪拌均勻。
❹ 分層入模：將竹炭皂液倒入四格格板的第一、二、四格，再將基礎油倒入第三格，僅抽取中間的活動格板。

渲染

❺ 拉線渲染：在中間的第二、三格先上下畫出「W」形曲線，再左右畫一條直線。完成後將格板垂直取出。

渲染畫法　第一刀——　第二刀……

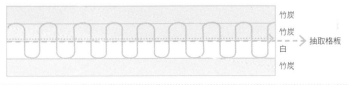

竹炭
竹炭
竹炭 ---→ 抽取格板
白
竹炭

皂化完成

❻ 保溫：將渲染完成的皂液放入保麗龍箱，鋪上一層毛巾和保溫袋，讓溫度維持約50℃至60℃，靜置約一至兩天，待手工皂皂化完成後即可進行脫膜。
❼ 切皂&修皂：脫膜完成後先靜置一天再進行切皂、修皂，約一個禮拜後蓋皂章。歷經約一個月的晾皂後，再以保鮮膜包覆，放置陰涼通風處保存。

珊瑚紅滋養皂

材料
- 橄欖油 280g
- 米糠油 120g
- 蓖麻油 40g
- 甜杏仁油 40g
- 椰子油 160g
- 硬棕櫚油 200g
- 乳油木果脂 40g
- 總油量 880g
- 氫氧化鈉（已減鹼5%）121g
- 水 303ml
- ───────────
- 總重 1304g

添加物
- 珊瑚紅礦泥粉 1匙
- 紅麴粉 2匙
- 薰衣草精油 20g
  （1g約20滴）

製作鹼液和油脂

❶ 準備鹼液和油脂：計算好氫氧化鈉的重量後，放入耐熱塑膠杯，在通風處倒入純水，攪拌至完全溶解，等待降溫至45℃至50℃後與油脂混合。
計算配方中所需的油脂重量，倒入不鏽鋼鍋中。

打皂

❷ 油鹼混合後攪拌：將油脂加熱至約50℃。鹼液倒入油脂中，以打蛋器攪拌。
採順時針或逆時針方向持續攪拌約20至30分鐘，若皂液溫度低於40℃，則須隔水加熱。以畫「8」字的方式測試是否有達到Trace。

分層入模

❸ 分鍋、加入添加物：分鍋前加入薰衣草精油。將皂液分成三鍋，重量分別為¼、¼、²⁄₄，其中總重¼的鍋添加珊瑚紅礦泥粉、另一個¼的鍋添加紅麴粉。均攪拌均勻。

❹ 分層入模：將基礎油倒入四格格板第一、四格，紅麴皂液倒入第二格，珊瑚紅礦泥皂液倒入第三格。完成後將格板垂直取出。

渲染

❺ 拉線渲染：拿取渲染棒先上下畫出「W」形曲線，再左右畫兩條大波浪線條。

渲染畫法　第一刀—— 第二刀……

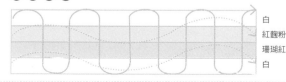

白
紅麴粉
珊瑚紅
白

皂化完成

❻ 保溫：將渲染完成的皂液放入保麗龍箱，鋪上一層毛巾和保溫袋，讓溫度維持約50℃至60℃，靜置約一至兩天。待手工皂皂化完成後即可進行脫膜。

❼ 切皂&修皂：脫膜完成後先靜置一天再進行切皂、修皂，約一個禮拜後蓋皂章。歷經約一個月的晾皂後，再以保鮮膜包覆，放置陰涼通風處保存。

榛果紅麴滋養皂

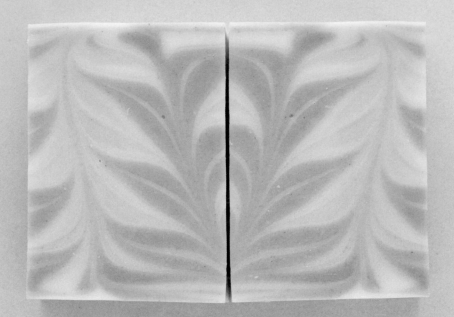

材料

- 橄欖油 200g
- 米糠油 120g
- 榛果油 100g
- 椰子油 160g
- 硬棕櫚油 180g
- 乳油木果脂 120g
- 總油量 880g
- 氫氧化鈉（已減鹼5%） 121g
- 水 303ml

- 總重 1304g

添加物

- 紅麴粉 2匙
- 迷迭香精油 20g
- （1g約20滴）

製作鹼液和油脂

❶ 準備鹼液和油脂：計算好氫氧化鈉的重量後，放入耐熱塑膠杯，在通風處倒入純水攪拌至完全溶解，等待降溫至45℃至50℃後與油脂混合。
計算配方中所需的油脂重量，倒入不鏽鋼鍋中。

打皂

❷ 油鹼混合後攪拌：將油脂加熱至約50℃。鹼液倒入油脂中以打蛋器攪拌。
採順時針或逆時針方向持續攪拌約20至30分鐘，若皂液溫度低於40℃，則須隔水加熱。以畫「8」字的方式測試是否有達到Trace。

分層入模

❸ 分鍋、加入添加物：分鍋前加入迷迭香精油。將皂液平均分成兩鍋，其中一鍋添加紅麴粉，攪拌均勻。
❹ 分層入模：基礎油倒入十格格板的單數格，紅麴粉皂液倒入雙數格，皂液的高度需相同，完成後將格板垂直取出。

渲染

❺ 拉線渲染：拿取渲染棒以橫向的方式，左右畫出「S」形曲線，再上下畫出「W」形曲線。

渲染畫法 第一刀── 第二刀⋯⋯⋯

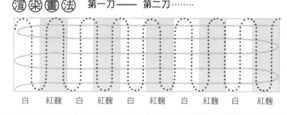

白　紅麴　白　紅麴　白　紅麴　白　紅麴　白　紅麴

皂化完成

❻ 保溫：將渲染完成的皂液放入保麗龍箱，鋪上一層毛巾和保溫袋，讓溫度維持約50℃至60℃，靜置約一至兩天，待手工皂皂化完成後即可進行脫膜。
❼ 切皂&修皂：脫膜完成後先靜置一天再進行切皂、修皂，約一個禮拜後蓋皂章。歷經約一個月的晾皂後，再以保鮮膜包覆，放置陰涼通風處保存。

茶樹艾草平安皂

材料
橄欖油 280g
米糠油 100g
澳洲胡桃油 60g
椰子油 160g
硬棕櫚油 160g
乳油木果脂 120g

總油量 880g
氫氧化鈉（已減鹼5%）121g
水 303ml

總重 1304g

添加物
竹炭粉 1匙
低溫艾草粉 1匙
茶樹精油 20g
（1g約20滴）

製作鹼液和油脂	❶ 準備鹼液和油脂：計算好氫氧化鈉的重量後，放入耐熱塑膠杯，在通風處倒入純水，攪拌至完全溶解，等待降溫至45℃至50℃後與油脂混合。計算配方中所需的油脂重量，倒入不鏽鋼鍋中。	
打皂	❷ 油鹼混合後攪拌：將油脂加熱至約50℃。鹼液倒入油脂中，以打蛋器攪拌。採順時針或逆時針方向持續攪拌約20至30分鐘，若皂液溫度低於40℃，則須隔水加熱。以畫「8」字的方式測試是否有達到Trace。	
分層入模	❸ 分鍋、加入添加物：分鍋前加入茶樹精油。將皂液分成三鍋，重量分別為¼、¼、½，其中總重¼的鍋添加竹炭粉、另一個¼的鍋添加低溫艾草粉。均將染料攪拌均勻。 ❹ 分層入模：在四格格板中的第一格倒入竹炭皂液，第二、三格倒入基礎油，第四格倒入艾草皂液。完成後將格板垂直取出。	

渲染

❺ 拉線渲染：拿取渲染棒先上下畫出「W」形曲線，再左右畫兩條大波浪線條。

渲染畫法　第一刀——　第二刀……

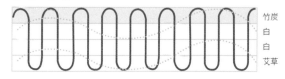

竹炭
白
白
艾草

皂化完成

❻ 保溫：將渲染完成的皂液放入保麗龍箱，鋪上一層毛巾和保溫袋，讓溫度維持約50℃至60℃，靜置約一至兩天，待手工皂皂化完成後即可進行脫膜。

❼ 切皂&修皂：脫膜完成後先靜置一天再進行切皂、修皂，約一個禮拜後蓋皂章。歷經約一個月的晾皂後，再以保鮮膜包覆，放置陰涼通風處保存。

紅麴潔膚皂

㊤ 橄欖油 200g
㊧ 米糠油 120g
　　榛果油 100g
　　椰子油 160g
　　硬棕櫚油 180g
　　乳油木果脂 120g
　　總油量 880g
　　氫氧化鈉（已減鹼5%）121g
　　水 303ml
　　─────────────
　　總重 1304g

㊕ 紅麴粉 2匙
㊕ 低溫艾草粉 1匙
㊕ 迷迭香 10g
　　薰衣草精油 10g
　　（1g約20滴）

製作鹼液和油脂

❶ 準備鹼液和油脂：計算好氫氧化鈉的重量後，放入耐
熱塑膠杯，在通風處倒入純水，攪拌至完全溶解，等
待降溫至45℃至50℃後與油脂混合。
計算配方中所需的油脂重量，倒入不鏽鋼鍋中。

打皂

❷ 油鹼混合後攪拌：將油脂加熱至約50℃。鹼液倒入油
脂中，以打蛋器攪拌。
採順時針或逆時針方向持續攪拌約20至30分鐘，若皂
液溫度低於40℃，則須隔水加熱。以畫「8」字的方
式測試是否有達到Trace。

分層入模

❸ 分鍋、加入添加物：分鍋前加入迷迭香和薰衣草精
油。將皂液分成三鍋，重量分別為3/10、3/10、4/10，其中
總重3/10的鍋添加低溫艾草粉、另一個3/10的鍋添加紅麴
粉。均將染料攪拌均勻。

❹ 分層入模：將基礎油倒入十格格板的第一、四、七、
十格，紅麴粉皂液倒入第二、五、八格，低溫艾草粉
皂液倒入第三、六、九格。皂液的高度需相同。完成
後將格板垂直取出。

渲染

❺ 拉線渲染：拿取渲染棒以橫向的方式，左右畫出
「S」形曲線，再上下畫出「W」形曲線。

渲染畫法　第一刀—— 第二刀⋯⋯

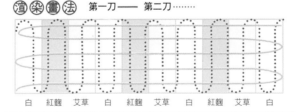

白　紅麴　艾草　白　紅麴　艾草　白　紅麴　艾草　白

皂化完成

❻ 保溫：將渲染完成的皂液放入保麗龍箱，鋪上一層毛
巾和保溫袋，讓溫度維持約50℃至60℃，靜置約一至
兩天，待手工皂皂化完成後即可進行脫膜。

❼ 切皂&修皂：脫膜完成後先靜置一天再進行切皂、修
皂，約一個禮拜後蓋皂章。歷經約一個月的晾皂後，
再以保鮮膜包覆，放置陰涼通風處保存。

迷迭淨膚皂

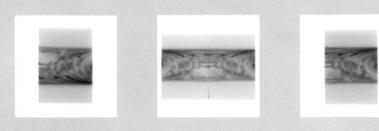

㊋ 橄欖油 280g
㊚ 米糠油 120g
　　蓖麻油 40g
　　榛果油 40g
　　椰子油 160g
　　硬棕櫚油 200g
　　可可脂 40g
　　總油量 880g
　　氫氧化鈉（已減鹼5%）121g
　　水 303ml
　　────────────
　　總重 1304g

㊟ 竹炭粉 1匙
㊟ β 胡蘿蔔素 1滴
㊟ 薰衣草精油 10g
　　迷迭香精油 10g
　　（1g約20滴）

製作鹼液和油脂

❶ 準備鹼液和油脂：計算好氫氧化鈉的重量後，放入耐熱塑膠杯，在通風處倒入純水攪拌至完全溶解，等待降溫至45℃至50℃後與油脂混合。
計算配方中所需的油脂重量，倒入不鏽鋼鍋中。

打皂

❷ 油鹼混合後攪拌：將油脂加熱至約50℃。鹼液倒入油脂中，以打蛋器攪拌。
採順時針或逆時針方向持續攪拌約20至30分鐘，若皂液溫度低於40℃，則須隔水加熱。以畫「8」字的方式測試是否有達到Trace。

回鍋渲染

❸ 分鍋、加入添加物：分鍋前加入薰衣草和迷迭香精油。將皂液平均分成A、B兩鍋，其中A鍋分別取出各100g的皂液，添加β胡蘿蔔素和竹炭粉，攪拌均勻。

❹ 回鍋渲染：將β胡蘿蔔皂液和竹炭皂液倒回A鍋，以回鍋渲染法隨意翻攪兩至三刀後，準備入模。

分層入模

❺ 分層入模：抽取四格格板中間的活動格板，將A鍋的渲染皂液倒入中間的第二、三格，再將B鍋的基礎油倒入第一、四格。完成後將格板垂直取出。

白
回鍋渲染
抽取格板
白

皂化完成

❻ 保溫：將渲染完成的皂液放入保麗龍箱，鋪上一層毛巾和保溫袋，讓溫度維持約50℃至60℃，靜置約一至兩天，待手工皂皂化完成後即可進行脫膜。

❼ 切皂&修皂：脫膜完成後先靜置一天再進行切皂、修皂，約一個禮拜後蓋皂章。歷經約一個月的晾皂後，再以保鮮膜包覆，放置陰涼通風處保存。

檜木芬多精皂

㊑ 橄欖油 280g
㊑ 米糠油 120g
　蓖麻油 40g
　榛果油 40g
　椰子油 160g
　硬棕櫚油 200g
　可可脂 40g
　總油量880g
　氫氧化鈉（已減鹼5%）121g
　水 303ml
──────────────
　總重 1304g

㊟ 竹炭粉 1匙
㊑ 檜木精油 20g
㊟ （1g約20滴）

製作鹼液和油脂

❶ 準備鹼液和油脂：計算好氫氧化鈉的重量後，放入耐熱塑膠杯，在通風處倒入純水，攪拌至完全溶解，等待降溫至45℃至50℃後與油脂混合。
計算配方中所需的油脂重量，倒入不鏽鋼鍋中。

打皂

❷ 油鹼混合後攪拌：將油脂加熱至約50℃。鹼液倒入油脂中，以打蛋器攪拌。
採順時針或逆時針方向持續攪拌約20至30分鐘，若皂液溫度低於40℃，則須隔水加熱。以畫「8」字的方式測試是否有達到Trace。

分層入模

❸ 分鍋、加入添加物：分鍋前加入檜木精油。將皂液平均分成兩鍋，其中一鍋添加竹炭粉，攪拌均勻。
❹ 分層入模：將中間的活動格板取出不用，基礎油倒入四格格板的第二、三格，再將竹炭皂液倒入第一、四格，完成後將格板垂直取出。

皂化完成

❺ 保溫：將渲染完成的皂液放入保麗龍箱，鋪上一層毛巾和保溫袋，讓溫度維持約50℃至60℃，靜置約一至兩天，待手工皂皂化完成後即可進行脫膜。
❻ 切皂&修皂：脫膜完成後先靜置一天再進行切皂、修皂，約一個禮拜後蓋皂章。歷經約一個月的晾皂後，再以保鮮膜包覆，放置陰涼通風處保存。

薰衣草滋養皂

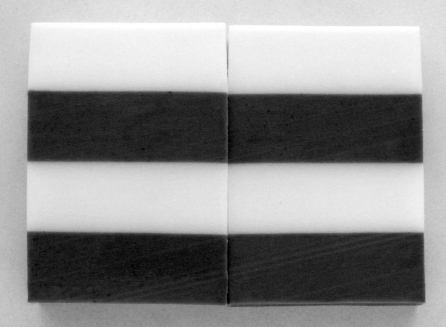

材料
- 橄欖油 280g
- 米糠油 120g
- 蓖麻油 40g
- 甜杏仁油 40g
- 椰子油 160g
- 硬棕櫚油 200g
- 乳油木果脂 40g
- 總油量 880g
- 氫氧化鈉（已減鹼5%）121g
- 水 303ml
- 總重 1304g

添加物
- 珊瑚紅礦泥粉 1匙
- 薰衣草精油 20g
- （1g約20滴）

製作鹼液和油脂

❶ 準備鹼液和油脂：計算好氫氧化鈉的重量後，放入耐熱塑膠杯，在通風處倒入純水，攪拌至完全溶解，等待降溫至45℃至50℃後與油脂混合。
計算配方中所需的油脂重量，倒入不鏽鋼鍋中。

打皂

❷ 油鹼混合後攪拌：將油脂加熱至約50℃。鹼液倒入油脂中，以打蛋器攪拌。
採順時針或逆時針方向持續攪拌約20至30分鐘，若皂液溫度低於40℃，則須隔水加熱。以畫「8」字的方式測試是否有達到Trace。

分層入模

❸ 分鍋、加入添加物：分鍋前加入薰衣草精油。將皂液平均分成兩鍋，其中一鍋添加珊瑚紅礦泥粉，攪拌均勻。

❹ 分層入模：將珊瑚紅礦泥皂液倒入四格格板的第二、四格，基礎油倒入第一、三格，皂液的高度需相同，完成後將格板垂直取出。

TIPS 其中半邊可以作渲染，保留另一半作分層。

渲染畫法

	白
	珊瑚紅礦泥
	白
	珊瑚紅礦泥

皂化完成

❺ 保溫：將渲染完成的皂液放入保麗龍箱，鋪上一層毛巾和保溫袋，讓溫度維持約50℃至60℃，靜置約一至兩天，待手工皂皂化完成後即可進行脫膜。

❻ 切皂＆修皂：脫膜完成後先靜置一天再進行切皂、修皂，約一個禮拜後蓋皂章。歷經約一個月的晾皂後，再以保鮮膜包覆，放置陰涼通風處保存。

橄欖分層皂

材料
- 橄欖油 280g
- 米糠油 120g
- 蓖麻油 40g
- 甜杏仁油 40g
- 椰子油 160g
- 硬棕櫚油 200g
- 乳油木果脂 40g

總油量 880g
- 氫氧化鈉（已減鹼5%）121g
- 水 303ml

總重 1304g

添加物
- 竹炭粉 1匙
- 檜木精油 20g
- （1g約20滴）

製作鹼液和油脂

① 準備鹼液和油脂：計算好氫氧化鈉的重量後，放入耐熱塑膠杯，在通風處倒入純水攪拌至完全溶解，等待降溫至45℃至50℃後與油脂混合。
計算配方中所需的油脂重量，倒入不鏽鋼鍋中。

打皂

② 油鹼混合後攪拌：將油脂加熱至約50℃。鹼液倒入油脂中以打蛋器攪拌。
採順時針或逆時針方向持續攪拌約20至30分鐘，若皂液溫度低於40℃，則須隔水加熱。以畫「8」字的方式測試是否有達到Trace。

分層入模

③ 分鍋：分鍋前加入檜木精油。將皂液平均分成兩鍋，其中一鍋添加竹炭粉，攪拌均勻。

④ 入模：竹炭粉皂液倒入四格格板的第一、三格，基礎油倒入第二、四格，皂液的高度需相同，完成後將格板垂直取出。

TIPS 其中的半邊可作渲染，保留另一半作分層。

	竹炭
	白
	竹炭
	白

皂化完成

⑤ 保溫：將渲染完成的皂液放入保麗龍箱，鋪上一層毛巾和保溫袋，讓溫度維持約50℃至60℃，靜置約一至兩天，待手工皂皂化完成後即可進行脫膜。

⑥ 切皂&修皂：脫膜完成後先靜置一天再進行切皂、修皂，約一個禮拜後蓋皂章。歷經約一個月的晾皂後，再以保鮮膜包覆，放置陰涼通風處保存。

控油潔膚皂

材料
- 橄欖油 280g
- 米糠油 120g
- 蓖麻油 40g
- 甜杏仁油 40g
- 椰子油 160g
- 硬棕櫚油 200g
- 乳油木果脂 40g

總油量880g
氫氧化鈉（已減鹼5%）121g
水 303ml
───────────
總重 1304g

添加物
- 竹炭粉 1匙
- 檜木精油 20g
  （1g約20滴）

製作鹼液和油脂

❶ 準備鹼液和油脂：計算好氫氧化鈉的重量後，放入耐熱塑膠杯，在通風處倒入純水，攪拌至完全溶解，等待降溫至45℃至50℃後與油脂混合。
計算配方中所需的油脂重量，倒入不鏽鋼鍋中。

打皂

❷ 油鹼混合後攪拌：將油脂加熱至約50℃。鹼液倒入油脂中，以打蛋器攪拌。
採順時針或逆時針方向持續攪拌約20至30分鐘，若皂液溫度低於40℃，則須隔水加熱。以畫「8」字的方式測試是否有達到Trace。

分層入模

❸ 分鍋、加入添加物：分鍋前加入檜木精油。將皂液平均分成兩鍋，其中一鍋添加竹炭粉，攪拌均勻。

❹ 分層入模：抽取中間的活動格板，將基礎油倒入四格格板第一、四格，再將竹炭皂液倒入第二、三格，完成後將格板垂直取出。

皂化完成

❺ 保溫：將渲染完成的皂液放入保麗龍箱，鋪上一層毛巾和保溫袋，讓溫度維持約50℃至60℃，靜置約一至兩天，待手工皂皂化完成後即可進行脫膜。

❻ 切皂&修皂：脫膜完成後先靜置一天再進行切皂、修皂，約一個禮拜後蓋皂章。歷經約一個月的晾皂後，再以保鮮膜包覆，放置陰涼通風處保存。

平安圓滿皂

材料
橄欖油 280g
米糠油 120g
蓖麻油 40g
甜杏仁油 40g
椰子油 160g
硬棕櫚油 200g
乳油木果脂 40g

總油量880g

氫氧化鈉（已減鹼5%）121g
水 303ml

總重 1304g

添加物
竹炭粉 1匙
檜木精油 20g
（1g約20滴）

製作鹼液和油脂

❶ 準備鹼液和油脂：計算好氫氧化鈉的重量後，放入耐熱塑膠杯，在通風處倒入純水，攪拌至完全溶解，等待降溫至45℃至50℃後與油脂混合。
計算配方中所需的油脂重量，倒入不鏽鋼鍋中。

打皂

❷ 油鹼混合後攪拌：將油脂加熱至約50℃。鹼液倒入油脂中，以打蛋器攪拌。
採順時針或逆時針方向持續攪拌約20至30分鐘，若皂液溫度低於40℃，則須隔水加熱。以畫「8」字的方式測試是否有達到Trace。

分層入模

❸ 分鍋、加入添加物：分鍋前加入檜木精油。將皂液平均分成兩鍋，其中一鍋添加竹炭粉，攪拌均勻。
❹ 分層入模：將四格格板中間的活動格板取出不用，基礎油倒入第一、四格，竹炭皂液倒入中央的第二、三格，完成後將格板垂直取出。

皂化完成

❺ 保溫：將渲染完成的皂液放入保麗龍箱，鋪上一層毛巾和保溫袋，讓溫度維持約50℃至60℃，靜置約一至兩天，待手工皂皂化完成後即可進行脫膜。
❻ 第二次成皂：脫膜後以圓形管模按壓，取出圓形皂塊後倒入基礎油，放入保溫箱中保溫，同樣靜置一至兩天後脫膜。
❼ 切皂&修皂：脫膜完成後先靜置一天再進行切皂、修皂，約一個禮拜後蓋皂章。歷經約一個月的晾皂後，再以保鮮膜包覆，放置陰涼通風處保存。

深海泥淨膚皂

㊞ 材料
橄欖油 280g
米糠油 120g
蓖麻油 40g
可可脂 40g
椰子油 160g
硬棕櫚油 200g
乳油木果脂 40g

總油量 880g
氫氧化鈉（已減鹼5%）121g
水 303ml
_____
總重 1304g

㊞ 添加物
有機大堡礁深海泥 1匙
檜木精油 10g
茶樹精油 10g
（1g約20滴）

製作鹼液和油脂

❶ 準備鹼液和油脂：計算好氫氧化鈉的重量後，放入耐熱塑膠杯，在通風處倒入純水，攪拌至完全溶解，等待降溫至45℃至50℃後與油脂混合。
計算配方中所需的油脂重量，倒入不鏽鋼鍋中。

打皂

❷ 油鹼混合後攪拌：將油脂加熱至約50℃。鹼液倒入油脂中，以打蛋器攪拌。
採順時針或逆時針方向持續攪拌約20至30分鐘，若皂液溫度低於40℃，則須隔水加熱。以畫「8」字的方式測試是否有達到Trace。

入模

❸ 分鍋：分鍋前加入檜木精油和茶樹精油。取出約300g的皂液至小量杯，添加大堡礁深海泥，攪拌均勻。
❹ 入模：矽膠模中放置數個圓形管模，基礎油倒入矽膠膜中，再將深海泥皂液倒入圓形管膜，皂液的高度需相同，完成後將圓形管模垂直取出。

深海泥	深海泥	深海泥	深海泥

皂化完成

❺ 保溫：將渲染完成的皂液放入保麗龍箱，鋪上一層毛巾和保溫袋，讓溫度維持約50℃至60℃，靜置約一至兩天，待手工皂皂化完成後即可進行脫膜。
❻ 切皂&修皂：脫膜完成後先靜置一天再進行切皂、修皂，約一個禮拜後蓋皂章。歷經約一個月的晾皂後，再以保鮮膜包覆，放置陰涼通風處保存。

中秋明月皂

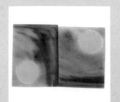 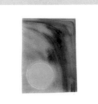 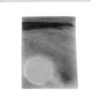

材料
橄欖油 200g
米糠油 120g
榛果油 100g
椰子油 160g
硬棕櫚油 180g
乳油木果脂 120g

總油量 880g

氫氧化鈉（已減鹼5%） 121g
水 303ml

總重 1304g

添加物
竹炭粉 1匙
β 胡蘿蔔素 1滴
檜木精油 20g
（1g約20滴）

製作鹼液和油脂

❶ 準備鹼液和油脂：計算好氫氧化鈉的重量後，放入耐熱塑膠杯，在通風處倒入純水，攪拌至完全溶解，等待降溫至45℃至50℃後與油脂混合。
計算配方中所需的油脂重量，倒入不鏽鋼鍋中。

打皂

❷ 油鹼混合後攪拌：將油脂加熱至約50℃。鹼液倒入油脂中，以打蛋器攪拌。
採順時針或逆時針方向持續攪拌約20至30分鐘，若皂液溫度低於40℃，則須隔水加熱。以畫「8」字的方式測試是否有達到Trace。

入模

❸ 回鍋渲染後入模：分鍋前加入檜木精油。取出⅒的皂液至小量杯，添加竹炭粉後攪拌均勻，倒回基底鍋中，稍微攪拌三至五刀。將混合完成的皂液倒入模具中。

皂化完成

❺ 保溫、脫膜：將渲染完成的皂液放入保麗龍箱，鋪上一層毛巾和保溫袋，讓溫度維持約50℃至60℃，靜置約一至兩天。待手工皂皂化完成後即可進行脫膜。

❻ 第二次成皂：脫模後再以圓形管模按壓，取出圓形皂塊後倒入β胡蘿蔔素皂液，放入保溫箱中保溫，同樣靜置一至兩天後脫膜。

❼ 脫膜切皂：脫膜完成後先靜置一天再進行切皂、修皂，約一個禮拜後蓋皂章。歷經約一個月的晾皂後，再以保鮮膜包覆，放置陰涼通風處保存。

何首烏潔膚皂

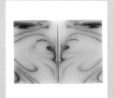

材料
橄欖油 380g
米糠油 120g
蓖麻油 40g
甜杏仁油 40g
椰子油 210g
硬棕櫚油 250g
乳油木果脂 40g
總油量 1080g
氫氧化鈉（已減鹼5%）150g
水 375ml
_____
總重 1605g

添加物
竹炭粉 1匙
何首烏粉 1匙
檜木精油 10g
茶樹精油 15g
（1g約20滴）

製作鹼液和油脂

❶ 準備鹼液和油脂：計算好氫氧化鈉的重量後，放入耐熱塑膠杯，在通風處倒入純水，攪拌至完全溶解，等待降溫至45℃至50℃後與油脂混合。

計算配方中所需的油脂重量，倒入不鏽鋼鍋中。

打皂

❷ 油鹼混合後攪拌：將油脂加熱至約50℃。鹼液倒入油脂中，以打蛋器攪拌。

採順時針或逆時針方向持續攪拌約20至30分鐘，若皂液溫度低於40℃，則須隔水加熱。以畫「8」字的方式測試是否有達到Trace。

分層入模

❸ 分鍋：分鍋前加入檜木和茶樹精油。取出100g的皂液至小量杯，添加竹炭粉；再取出100g的皂液添加何首烏粉，攪拌均勻。

❹ 入模：將基礎油倒入渲染盤中，再將竹炭皂液和何首烏皂液，往下隨意沖入模具中，高度需為30至40公分。

隨意渲染

❺ 拉線渲染：隨意的上下翻攪，再以細的渲染棒修飾線條，舉起模具輕敲桌面使氣泡消失。

皂化完成

❻ 保溫：將渲染完成的皂液放入保麗龍箱，鋪上一層毛巾和保溫袋，讓溫度維持約50℃至60℃，靜置約一至兩天，待手工皂皂化完成後即可進行脫膜。

❼ 切皂&修皂：脫膜完成後以刨刀刮除皂邊，再切皂、蓋皂章。晾皂約一個月後，以保鮮膜包覆，放置陰涼通風處保存。

檜木竹炭皂

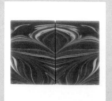  

(材)(料) 橄欖油 380g
米糠油 120g
蓖麻油 40g
甜杏仁油 40g
椰子油 210g
硬棕櫚油 250g
乳油木果脂 40g
總油量 1080g
氫氧化鈉（已減鹼5%）150g
水 375ml

總重 1605g

(添)(加)(物) 珠光粉 1匙
竹炭粉 1匙
檜木精油 20g
（1g約20滴）

製作鹼液和油脂	❶ 準備鹼液和油脂：計算好氫氧化鈉的重量後，放入耐熱塑膠杯，在通風處倒入純水攪拌至完全溶解，等待降溫至45℃至50℃後與油脂混合。 計算配方中所需的油脂重量，倒入不鏽鋼鍋中。	
打皂	❷ 油鹼混合後攪拌：將油脂加熱至約50℃。鹼液倒入油脂中以打蛋器攪拌。 採順時針或逆時針方向持續攪拌約20至30分鐘，若皂液溫度低於40℃，則須隔水加熱。以畫「8」字的方式測試是否有達到Trace。	
入模	❸ 分鍋、加入添加物：分鍋前加入檜木精油。取出100g的皂液至小量杯，添加珠光粉。將竹炭粉倒入基底油，均勻攪拌。 ❹ 入模：將基礎油倒入矽膠膜中，再將珠光粉皂液往下隨意沖入模具中，高度需為30至40公分。	
隨意渲染	❺ 拉線渲染：隨意的上下翻攪，再以細的渲染棒修飾線條，舉起模具輕敲桌面使氣泡消失。	
皂化完成	❻ 保溫：將渲染完成的皂液放入保麗龍箱，鋪上一層毛巾和保溫袋，讓溫度維持約50℃至60℃，靜置約一至兩天，待手工皂皂化完成後即可進行脫膜。 ❼ 切皂&修皂：脫膜完成後先靜置一天再進行切皂、修皂，約一個禮拜後蓋皂章。歷經約一個月的晾皂後，再以保鮮膜包覆，放置陰涼通風處保存。	

珠光迷迭香皂

| 製作鹼液和油脂 | ❶ 準備鹼液和油脂：計算好氫氧化鈉的重量後，放入耐熱塑膠杯，在通風處倒入純水，攪拌至完全溶解，等待降溫至45℃至50℃後與油脂混合。計算配方中所需的油脂重量，倒入不鏽鋼鍋中。 |  |

製作鹼液和油脂

❶ 準備鹼液和油脂：計算好氫氧化鈉的重量後，放入耐熱塑膠杯，在通風處倒入純水，攪拌至完全溶解，等待降溫至45℃至50℃後與油脂混合。
計算配方中所需的油脂重量，倒入不鏽鋼鍋中。

打皂

❷ 油鹼混合後攪拌：將油脂加熱至約50℃。鹼液倒入油脂中，以打蛋器攪拌。
採順時針或逆時針方向持續攪拌約20至30分鐘，若皂液溫度低於40℃，則須隔水加熱。以畫「8」字的方式測試是否有達到Trace。

入模

❸ 分鍋：分鍋前加入迷迭香精油。取出100g的皂液至小量杯，加入珠光粉，攪拌均勻。
❹ 入模：將基礎油倒入渲染盤中，再將珠光粉皂液往下隨意沖入模具中，高度需為30至40公分。

隨意渲染

❺ 拉線渲染：隨意的上下翻攪，再以細的渲染棒修飾線條，模具稍微輕敲桌面使氣泡消失。

皂化完成

❻ 保溫：將渲染完成的皂液放入保麗龍箱，鋪上一層毛巾和保溫袋，讓溫度維持約50℃至60℃，靜置約一至兩天，待手工皂皂化完成後即可進行脫膜。
❼ 切皂&修皂：脫膜完成後先靜置一天再進行切皂、修皂，約一個禮拜後蓋皂章。歷經約一個月的晾皂後，再以保鮮膜包覆，放置陰涼通風處保存。

橄欖竹炭皂

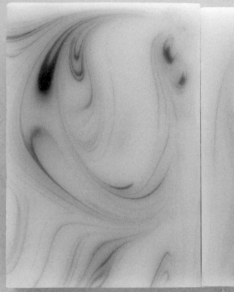 

材料

橄欖油 340g

米糠油 160g

榛果油 40g

甜杏仁油 40g

椰子油 210g

硬棕櫚油 250g

乳油木果脂 40g

總油量1080g

氫氧化鈉（已減鹼5%）150g

水 375ml

總重 1605g

添加物

竹炭粉 1匙

檜木精油 20g

（1g約20滴）

製作鹼液和油脂

❶ 準備鹼液和油脂：計算好氫氧化鈉的重量後，放入耐熱塑膠杯，在通風處倒入純水，攪拌至完全溶解，等待降溫至45℃至50℃後與油脂混合。
計算配方中所需的油脂重量，倒入不鏽鋼鍋中。

打皂

❷ 油鹼混合後攪拌：將油脂加熱至約50℃。鹼液倒入油脂中以打蛋器攪拌。
採順時針或逆時針方向持續攪拌約20至30分鐘，若皂液溫度低於40℃，則須隔水加熱。以畫「8」字的方式測試是否有達到Trace。

入模

❸ 分鍋：分鍋前加入檜木精油。取出100g的皂液至小量杯，添加竹炭粉，攪拌均勻。
❹ 入模：將基礎油倒入矽膠膜中，再將竹炭皂液往下隨意沖入模具中，高度需為30至40公分。

隨意渲染

❺ 拉線渲染：隨意的上下翻攪，再以細的渲染棒修飾線條，舉起模具輕敲桌面使氣泡消失。

皂化完成

❻ 保溫：將渲染完成的皂液放入保麗龍箱，鋪上一層毛巾和保溫袋，讓溫度維持約50℃至60℃，靜置約一至兩天，待手工皂皂化完成後即可進行脫膜。
❼ 切皂&修皂：脫膜完成後先靜置一天再進行切皂、修皂，約一個禮拜後蓋皂章。歷經約一個月的晾皂後，再以保鮮膜包覆，放置陰涼通風處保存。

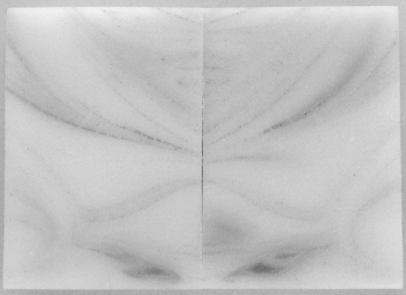

胡蘿蔔素滋養皂

㊟ 橄欖油 380g
㊙ 米糠油 120g
　 甜杏仁油 80g
　 椰子油 210g
　 硬棕櫚油 250g
　 乳油木果脂 40g
　 總油量 1080g
　 氫氧化鈉（已減鹼5%） 150g
　 水 375ml
　────────────────
　 總重 1605g

㊟ 粉紅礦泥粉 1匙
㊙ β 胡蘿蔔素 1滴
㊕ 迷迭香精油 10g
　 薰衣草精油 10g
　（1g約20滴）

| 製作鹼液和油脂 | ❶ 準備鹼液和油脂：計算好氫氧化鈉的重量後，放入耐熱塑膠杯，在通風處倒入純水，攪拌至完全溶解，等待降溫至45℃至50℃後與油脂混合。
計算配方中所需的油脂重量，倒入不鏽鋼鍋中。 |

| 打皂 | ❷ 油鹼混合後攪拌：將油脂加熱至約50℃。鹼液倒入油脂中，以打蛋器攪拌。
採順時針或逆時針方向持續攪拌約20至30分鐘，若皂液溫度低於40℃，則須隔水加熱。以畫「8」字的方式測試是否有達到Trace。 |

| 分層入模 | ❸ 分鍋：分鍋前加入迷迭香精油和薰衣草精油。取出100g的皂液至小量杯，添加粉紅礦泥粉，再取出100g的皂液添加β胡蘿蔔素，攪拌均勻。
❹ 入模：將基礎油倒入矽膠膜中，再將粉紅礦泥皂液和β胡蘿蔔素皂液，往下隨意沖入模具中，高度需為30至40公分。 |

| 隨意渲染 | ❺ 拉線渲染：隨意的上下翻攪，再以細的渲染棒修飾線條，舉起模具輕敲桌面使氣泡消失。 |

| 皂化完成 | ❻ 保溫：將渲染完成的皂液放入保麗龍箱，鋪上一層毛巾和保溫袋，讓溫度維持50℃至60℃，靜置約一至兩天，待手工皂皂化完成後即可進行脫膜。
❼ 切皂&修皂：脫膜完成後先靜置一天再進行切皂、修皂，約一個禮拜後蓋皂章。歷經約一個月的晾皂後，再以保鮮膜包覆，放置陰涼通風處保存。 |

母乳皂

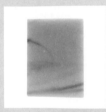

㊣ 材料

橄欖油 380g
米糠油 120g
甜杏仁油 80g
椰子油 210g
硬棕櫚油 250g
乳油木果脂 40g
總油量 1080g
氫氧化鈉（已減鹼5%）150g
母乳 525g（氫氧化鈉的3.5倍重）

總重 1755g

㊣ 添加物

低溫艾草粉 1匙
茶樹精油 25g
（1g約20滴）

製作鹼液和油脂

❶ 準備鹼液和油脂：首先將母乳冷凍結冰，母乳需為氫氧化鈉的3倍至3.5倍重。放入耐熱塑膠杯後，在低溫10℃下加入氫氧化鈉溶解。
計算配方中所需的油脂重量，倒入不鏽鋼鍋中。

打皂

❷ 油鹼混合後攪拌：將油脂控制於30℃至40℃，慢慢將低溫的鹼液倒入油脂中以打蛋器攪拌。採順時針或逆時針方向持續攪拌，直至Trace。過程中請不要過度保溫，皂體會因保溫過度而產生火山爆發（因溫度過高，導致成皂後的皂面突起斷裂）。

入模

❸ 分鍋：分鍋前加入茶樹精油。取出100g的皂液至小量杯，添加低溫艾草粉，攪拌均勻。
❹ 入模：將基礎油倒入矽膠膜中，再將艾草皂液往下隨意沖入模具中，高度需為30至40公分。

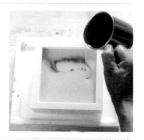

隨意渲染

❺ 拉線渲染：隨意的上下翻攪，再以細的渲染棒修飾線條，舉起模具輕敲桌面使氣泡消失。

皂化完成

❻ 保溫：將渲染完成的皂液靜置約一至兩天，待手工皂皂化完成後即可進行脫膜。
❼ 切皂＆修皂：脫膜完成後先靜置一天再進行切皂、修皂，約一個禮拜後蓋皂章。歷經約一個月的晾皂後，再以保鮮膜包覆，放置陰涼通風處保存。

珠
光
棕
櫚
滋
養
皂

材料
橄欖油 380g
米糠油 120g
榛果油 40g
甜杏仁油 40g
椰子油 210g
硬棕櫚油 250g
可可脂 40g
總油量1080g
氫氧化鈉（已減鹼5%） 150g
水 375ml
────────────
總重 1605g

添加物
珠光粉 1匙
粉紅礦泥粉 1匙
迷迭香精油 10g
薰衣草精油 10g
（1g約20滴）

製作鹼液和油脂

❶ 準備鹼液和油脂：計算好氫氧化鈉的重量後，放入耐熱塑膠杯，在通風處倒入純水，攪拌至完全溶解，等待降溫至45℃至50℃後與油脂混合。
計算配方中所需的油脂重量，倒入不鏽鋼鍋中。

打皂

❷ 油鹼混合後攪拌：將油脂加熱至約50℃。鹼液倒入油脂中，以打蛋器攪拌。
採順時針或逆時針方向持續攪拌約20至30分鐘，若皂液溫度低於40℃，則須隔水加熱。以畫「8」字的方式測試是否有達到Trace。

入模

❸ 分鍋：分鍋前加入迷迭香精油和薰衣草精油。分別取出100g的皂液至小量杯，添加珠光粉、粉紅礦泥粉，攪拌均勻。
❹ 入模：將基礎油倒入渲染盤中，再將珠光粉和粉紅礦泥皂液，往下隨意沖入模具中，高度需為30至40公分。

隨意渲染

❺ 拉線渲染：隨意的上下翻攪，再以細的渲染棒修飾線條，舉起模具輕敲桌面使氣泡消失。

皂化完成

❻ 保溫：將渲染完成的皂液放入保麗龍箱，鋪上一層毛巾和保溫袋，讓溫度維持約50℃至60℃，靜置約一至兩天，待手工皂皂化完成後即可進行脫膜。
❼ 切皂&修皂：脫膜完成後先靜置一天再進行切皂、修皂，約一個禮拜後蓋皂章。歷經約一個月的晾皂後，再以保鮮膜包覆，放置陰涼通風處保存。

乳油木果滋養皂

材料 橄欖油 380g
米糠油 120g
蓖麻油 40g
甜杏仁油 40g
椰子油 210g
硬棕櫚油 250g
乳油木果脂 40g
總油量 1080g
氫氧化鈉（已減鹼5％） 150g
水 375ml
─────────────
總重 1605g

添加物 β 胡蘿蔔素 1滴
低溫艾草粉 1匙
茶樹精油 10g
檜木精油 10g
（1g約20滴）

製作鹼液和油脂

❶ 準備鹼液和油脂：計算好氫氧化鈉的重量後，放入耐熱塑膠杯，在通風處倒入純水，攪拌至完全溶解，等待降溫至45℃至50℃後與油脂混合。
計算配方中所需的油脂重量，倒入不鏽鋼鍋中。

打皂

❷ 油鹼混合後攪拌：將油脂加熱至約50℃。鹼液倒入油脂中，以打蛋器攪拌。
採順時針或逆時針方向持續攪拌約20至30分鐘，若皂液溫度低於40℃，則須隔水加熱。以畫「8」字的方式測試是否有達到Trace。

入模

❸ 分鍋：分鍋前加入茶樹精油和檜木精油。取出100g的皂液至小量杯，添加低溫艾草粉。β胡蘿蔔素加入剩餘的皂液裡，攪拌均勻。

❹ 入模沖渲：先將β胡蘿蔔素的皂液倒入渲染盤中，再倒入艾草皂液，往下隨意沖入模具中，高度需為30至40公分。

隨意渲染

❺ 拉線渲染：隨意的上下翻攪，再以細的渲染棒修飾線條，舉起模具輕敲桌面使氣泡消失。

皂化完成

❻ 保溫：將渲染完成的皂液放入保麗龍箱，鋪上一層毛巾和保溫袋，讓溫度維持約50℃至60℃，靜置約一至兩天，待手工皂皂化完成後即可進行脫膜。

❼ 切皂&修皂：脫膜完成後先靜置一天再進行切皂、修皂，約一個禮拜後蓋皂章。歷經約一個月的晾皂後，再以保鮮膜包覆，放置陰涼通風處保存。

茶樹抗菌皂

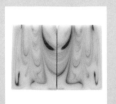  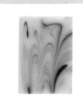

材料
- 橄欖油 380g
- 米糠油 120g
- 蓖麻油 40g
- 甜杏仁油 40g
- 椰子油 210g
- 硬棕櫚油 250g
- 乳油木果脂 40g
- 總油量 1080g
- 氫氧化鈉（已減鹼5%） 150g
- 水 375ml

  ───────────────

- 總重 1605g

添加物
- 竹炭粉 1匙
- 低溫艾草粉 1匙
- 檜木精油 10g
- 茶樹精油 15g
  （1g約20滴）

| 製作鹼液和油脂 | ① 準備鹼液和油脂：計算好氫氧化鈉的重量後，放入耐熱塑膠杯，在通風處倒入純水，攪拌至完全溶解，等待降溫至45℃至50℃後與油脂混合。
計算配方中所需的油脂重量，倒入不鏽鋼鍋中。 |  |

| 打皂 | ② 油鹼混合後攪拌：將油脂加熱至約50℃。鹼液倒入油脂中，以打蛋器攪拌。
採順時針或逆時針方向持續攪拌約20至30分鐘，若皂液溫度低於40℃，則須隔水加熱。以畫「8」字的方式測試是否有達到Trace。 |  |

| 入模 | ③ 分鍋：分鍋前加入檜木和茶樹精油。取出100g的皂液至小量杯，添加竹炭粉，再取出100g的皂液添加低溫艾草粉，攪拌均勻。
④ 入模：將基礎油倒入渲染盤中，再將艾草皂液和竹炭皂液，往下隨意沖入模具中，高度需為30至40公分。 |  |

| 隨意渲染 | ⑤ 拉線渲染：隨意的上下翻攪，再以細的渲染棒修飾線條，舉起模具輕敲桌面使氣泡消失。 | |

| 皂化完成 | ⑥ 保溫：將渲染完成的皂液放入保麗龍箱，鋪上一層毛巾和保溫袋，讓溫度維持約50℃至60℃，靜置約一至兩天，待手工皂皂化完成後即可進行脫膜。
⑦ 切皂&修皂：脫膜完成後先靜置一天再進行切皂、修皂，約一個禮拜後蓋皂章。歷經約一個月的晾皂後，再以保鮮膜包覆，放置陰涼通風處保存。 | |

檜木橄欖潔膚皂

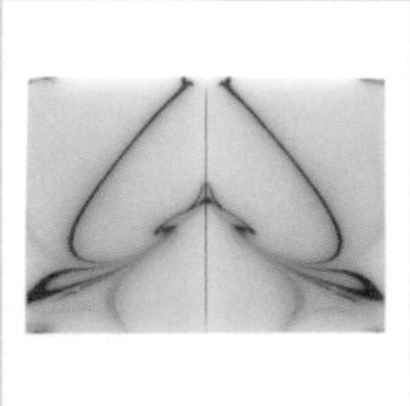
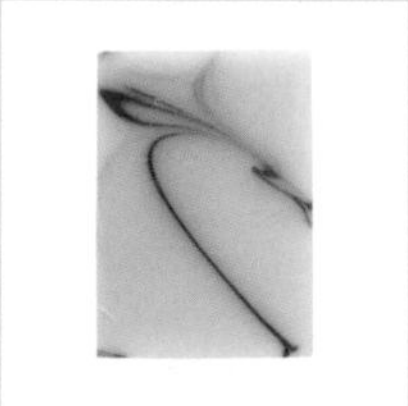
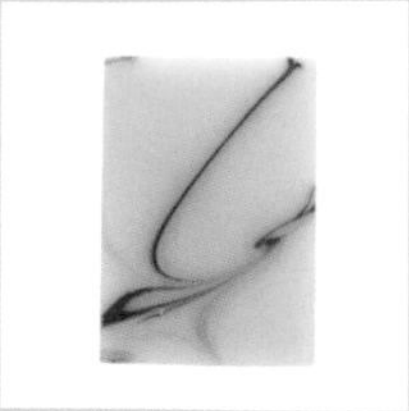

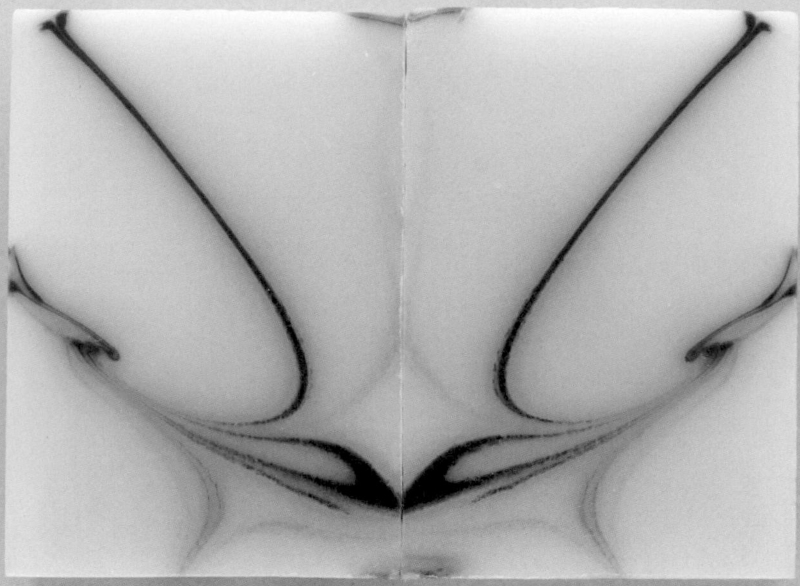

材料

橄欖油 380g
米糠油 120g
甜杏仁油 80g
椰子油 210g
硬棕櫚油 250g
乳油木果脂 40g
總油量 1080g
氫氧化鈉（已減鹼5%） 150g
水 375ml

總重 1605g

添加物

竹炭粉 1匙
檜木精油 25g
（1g約20滴）

製作鹼液和油脂

❶ 準備鹼液和油脂：計算好氫氧化鈉的重量後，放入耐熱塑膠杯，在通風處倒入純水，攪拌至完全溶解，等待降溫至45℃至50℃後與油脂混合。
計算配方中所需的油脂重量，倒入不鏽鋼鍋中。

打皂

❷ 油鹼混合後攪拌：將油脂加熱至約50℃。鹼液倒入油脂中，以打蛋器攪拌。
採順時針或逆時針方向持續攪拌約20至30分鐘，若皂液溫度低於40℃，則須隔水加熱。以畫「8」字的方式測試是否有達到Trace。

入模

❸ 分鍋：分鍋前加入檜木精油。取出100g的皂液添加竹炭粉，攪拌均勻。
❹ 入模：拿取一個圓型管模放置於渲染盤中央，將基礎油倒入渲染盤，再將竹炭皂液倒入圓型管模中，將模具垂直抽取。

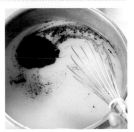

隨意渲染

❺ 拉線渲染：從中央畫出放射狀線條，再以細的渲染棒修飾線條，舉起模具輕敲桌面使氣泡消失。

渲染畫法
第一刀 —— 第二刀 ⋯⋯⋯

皂化完成

❻ 保溫：將渲染完成的皂液放入保麗龍箱，鋪上一層毛巾和保溫袋，讓溫度維持約50℃至60℃，靜置約一至兩天，待手工皂皂化完成後即可進行脫膜。
❼ 切皂&修皂：脫膜完成後先靜置一天再進行切皂、修皂，約一個禮拜後蓋皂章。歷經約一個月的晾皂後，再以保鮮膜包覆，放置陰涼通風處保存。

黑白竹炭渲染皂

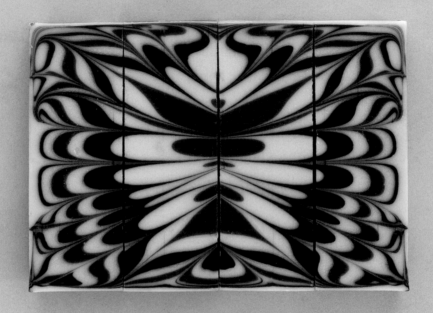

材料
- 橄欖油 640g
- 米糠油 240g
- 蓖麻油 80g
- 甜杏仁油 80g
- 椰子油 320g
- 硬棕櫚油 320g
- 可可脂 80g
- 總油量 1760g
- 氫氧化鈉（已減鹼5%）240g
- 水 600ml
- 總重 2600g

添加物
- 白珠光粉 3匙
- 竹炭粉 3匙
- ※色粉用量可依個人喜好添加或減少。
- 檜木精油 50g
- （1g約20滴）

製作鹼液和油脂

❶ 準備鹼液和油脂：計算好氫氧化鈉的重量後，放入耐熱塑膠杯，在通風處倒入純水，攪拌至完全溶解，等待降溫至45℃至50℃後與油脂混合。
秤量配方中所需的油脂重量，倒入不鏽鋼鍋中。

打皂

❷ 油鹼混合後攪拌：將油脂加熱至約50℃，鹼液倒入油脂中，以打蛋器攪拌。
採順時針或逆時針方向持續攪拌約20至30分鐘，若皂液溫度低於40℃，則須隔水加熱。以畫「8」字的方式測試是否有達到Trace。

入模

❸ 分鍋：分鍋前加入檜木精油。分別取出400g的皂液添加1匙竹炭粉，600g的皂液加入2匙竹炭粉，剩餘皂液倒入白珠光粉，攪拌均勻。

❹ 入模：將皂液拿取至高度約20至30公分高，倒入模具中心點，讓皂液自然往外擴散，依序分次倒入不同顏色皂液，如圖，形成柱狀。

※ 渲染畫法圖最外圈的顏色即為第一個倒入的顏色，請遞次倒入各色皂液，完成入模。

柱狀渲染

❺ 拉線渲染：將渲染棒以交錯對角線畫線條，如圖完成渲染。

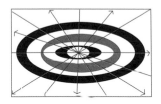

皂化完成

❻ 保溫：將渲染完成的皂液放入保麗龍箱，鋪上毛巾和蓋上保麗龍蓋，讓溫度維持約50℃至60℃，靜置約一至兩天，待手工皂皂化完成後即可進行脫膜。

❼ 切皂&修皂：脫膜完成後先靜置一天再進行切皂、修皂，約一個禮拜後蓋皂章。歷經約一至兩個月晾皂後，再以PE膜包覆，放置陰涼通風處保存。

三色渲染皂

材料
橄欖油 640g
米糠油 240g
蓖麻油 80g
甜杏仁油 80g
椰子油 320g
硬棕櫚油 320g
可可脂 80g
總油量 1760g
氫氧化鈉（已減鹼5%）240g
水 600ml

總重 2600g

添加物
黃珠光粉 1匙
白珠光粉 3匙
紫珠光粉 1匙
桃紅色珠光粉 1匙
※色粉用量可依個人喜好添加或減少。
迷迭香精油 50g
（1g約20滴）

製作鹼液和油脂

❶ 準備鹼液和油脂：計算好氫氧化鈉的重量後，放入耐熱塑膠杯，在通風處倒入純水，攪拌至完全溶解，等待降溫至45℃至50℃後與油脂混合。
秤量配方中所需的油脂重量，倒入不鏽鋼鍋中。

打皂

❷ 油鹼混合後攪拌：將油脂加熱至約50℃，鹼液倒入油脂中，以打蛋器攪拌。
採順時針或逆時針方向持續攪拌約20至30分鐘，若皂液溫度低於40℃，則須隔水加熱。以畫「8」字的方式測試是否有達到Trace。

入模

❸ 分鍋：分鍋前加入迷迭香精油。分別取出各450g的皂液添加黃珠光粉・桃紅色珠光粉・紫珠光粉，剩餘皂液倒入白珠光粉，攪拌均勻。

❹ 入模：將皂液拿取至高度約20至30公分高，倒入模具中心點，讓皂液自然往外擴散，依序分次倒入不同顏色皂液，如圖，形成柱狀。

※ 渲染畫法圖最外圈的顏色即為第一個倒入的顏色，請遞次倒入各色皂液，完成入模。

柱狀渲染

❺ 拉線渲染：將渲染棒依圖示Z字形畫線條，如圖完成渲染。

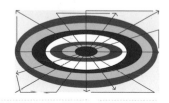

皂化完成

❻ 保溫：將渲染完成的皂液放入保麗龍箱，鋪上毛巾和蓋上保麗龍蓋，讓溫度維持約50℃至60℃，靜置約一至兩天，待手工皂皂化完成後即可進行脫膜。

❼ 切皂&修皂：脫膜完成後先靜置一天再進行切皂、修皂，約一個禮拜後蓋皂章。歷經約一至兩個月晾皂後，再以PE膜包覆，放置陰涼通風處保存。

孔雀渲染皂

橄欖油 640g
米糠油 240g
蓖麻油 80g
甜杏仁油 80g
椰子油 320g
硬棕櫚油 320g
可可脂 80g

總油量 1760g
氫氧化鈉（已減鹼5%）240g
水 600ml

總重 2600g

黃珠光粉 1匙
白珠光粉 3匙
紫珠光粉 1匙
桃紅珠光粉 1匙
※色粉用量可依個人喜好添加或減少。
迷迭香精油 50g
（1g約20滴）

製作鹼液和油脂

❶ 準備鹼液和油脂：計算好氫氧化鈉的重量後，放入耐熱塑膠杯，在通風處倒入純水，攪拌至完全溶解，等待降溫至45℃至50℃後與油脂混合。

秤量配方中所需的油脂重量，倒入不鏽鋼鍋中。

打皂

❷ 油鹼混合後攪拌：將油脂加熱至約50℃，鹼液倒入油脂中，以打蛋器攪拌。

採順時針或逆時針方向持續攪拌約20至30分鐘，若皂液溫度低於40℃，則須隔水加熱。以畫「8」字的方式測試是否有達到Trace。

入模

❸ 分鍋：分鍋前加入迷迭香精油。分別取出各450g的皂液添加黃珠光粉‧紫珠光粉‧桃紅珠光粉，剩餘皂液倒入白珠光粉，攪拌均勻。

❹ 入模：將皂液拿取至高度約20至30公分高，倒入模具中心點讓皂液自然往外擴散，依序分次倒入不同顏色皂液，如圖，形成柱狀。

※ 渲染畫法圖最外圈的顏色即為第一個倒入的顏色，請遞次倒入各色皂液，完成入模。

柱狀渲染

❺ 拉線渲染：將渲染棒從外往中心點畫線，如圖完成渲染。

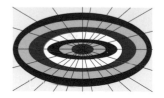

皂化完成

❻ 保溫：將渲染完成的皂液放入保麗龍箱，鋪上毛巾和蓋上保麗龍蓋，讓溫度維持約50℃至60℃，靜置約一至兩天，待手工皂皂化完成後即可進行脫膜。

❼ 切皂&修皂：脫膜完成後先靜置一天再進行切皂、修皂，約一個禮拜後蓋皂章。歷經約一至兩個月晾皂後，再以PE膜包覆，放置陰涼通風處保存。

五顏六色滋養皂

材料

橄欖油 640g
米糠油 240g
蓖麻油 80g
甜杏仁油 80g
椰子油 320g
硬棕櫚油 320g
可可脂 80g
總油量 1760g
氫氧化鈉（已減鹼5%） 240g
水 600ml
_____
總重 2600g

添加物

黃珠光粉 1匙
白珠光粉 3匙
綠珠光粉 1匙
藍珠光粉 1匙
桃紅珠光粉 1匙
※色粉用量可依個人喜好添加或減少。
薰衣草精油 50g
（1g約20滴）

製作鹼液和油脂

❶ 準備鹼液和油脂：計算好氫氧化鈉的重量後，放入耐熱塑膠杯，在通風處倒入純水，攪拌至完全溶解，等待降溫至45℃至50℃後與油脂混合。

秤量配方中所需的油脂重量，倒入不鏽鋼鍋中。

打皂

❷ 油鹼混合後攪拌：將油脂加熱至約50℃，鹼液倒入油脂中，以打蛋器攪拌。

採順時針或逆時針方向持續攪拌約20至30分鐘，若皂液溫度低於40℃，則須隔水加熱。以畫「8」字的方式測試是否有達到Trace。

入模

❸ 分鍋：分鍋前加入薰衣草精油。分別取出各400g的皂液添加黃珠光粉‧綠珠光粉‧藍珠光粉‧桃紅珠光粉，剩餘皂液倒入白珠光粉，攪拌均勻。

❹ 入模：將皂液拿取至高度約20至30公分高，倒入模具中心點，讓皂液自然往外擴散，依序分次倒入不同顏色皂液，如圖，形成柱狀。

※ 渲染畫法圖最外圈的顏色即為第一個倒入的顏色，請遞次倒入各色皂液，完成入模。

柱狀渲染

❺ 拉線渲染：使用刮刀以隨興渲染畫線條，如圖完成渲染。

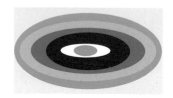

皂化完成

❻ 保溫：將渲染完成的皂液放入保麗龍箱，鋪上毛巾和蓋上保麗龍蓋，讓溫度維持約50℃至60℃，靜置約一至兩天，待手工皂皂化完成後即可進行脫膜。

❼ 切皂&修皂：脫膜完成後先靜置一天再進行切皂、修皂，約一個禮拜後蓋皂章。歷經約一至兩個月晾皂後，再以PE膜包覆，放置陰涼通風處保存。

三色竹炭渲染皂

材料
橄欖油 640g
米糠油 240g
蓖麻油 80g
甜杏仁油 80g
椰子油 320g
硬棕櫚油 320g
可可脂 80g
總油量 1760g
氫氧化鈉（已減鹼5%） 240g
水 600ml
─────────────
總重 2600g

添加物
竹炭粉 3匙
白珠光粉 3匙
金黃珠光粉 1匙
黃珠光粉 1匙
※色粉用量可依個人喜好添加或減少。
檜木精油 50g
（1g約20滴）

製作鹼液和油脂

❶ 準備鹼液和油脂：計算好氫氧化鈉的重量後，放入耐熱塑膠杯，在通風處倒入純水，攪拌至完全溶解，等待降溫至45℃至50℃後與油脂混合。
秤量配方中所需的油脂重量，倒入不鏽鋼鍋中。

打皂

❷ 油鹼混合後攪拌：將油脂加熱至約50℃，鹼液倒入油脂中，以打蛋器攪拌。
採順時針或逆時針方向持續攪拌約20至30分鐘，若皂液溫度低於40℃，則須隔水加熱。以畫「8」字的方式測試是否有達到Trace。

入模

❸ 分鍋：分鍋前加入檜木精油。分別取出各400g的皂液添加白珠光粉‧黃珠光粉‧金黃珠光粉，剩餘皂液倒入竹炭粉，攪拌均勻。

❹ 入模：將皂液拿取至高度約20至30公分高，倒入模具中心點，讓皂液自然往外擴散，依序分次倒入不同顏色皂液，如圖，形成柱狀。
※ 渲染畫法圖最外圈的顏色即為第一個倒入的顏色，請遞次倒入各色皂液，完成入模。

柱狀渲染

❺ 拉線渲染：將渲染棒心自中心點往外畫出放射狀線條，如圖完成渲染。

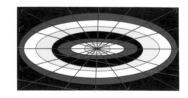

皂化完成

❻ 保溫：將渲染完成的皂液放入保麗龍箱，鋪上毛巾和蓋上保麗龍蓋，讓溫度維持約50℃至60℃，靜置約一至兩天，待手工皂皂化完成後即可進行脫膜。

❼ 切皂&修皂：脫膜完成後先靜置一天再進行切皂、修皂，約一個禮拜後蓋皂章。歷經約一至兩個月晾皂後，再以PE膜包覆，放置陰涼通風處保存。

三色渲染石頭皂

NEW

<table>
<tr><td>材料</td><td>橄欖油 280g</td></tr>
</table>

材料
橄欖油 280g
米糠油 120g
榛果油 40g
澳洲胡桃油 40g
椰子油 160g
硬棕櫚油 200g
乳油木果脂 40g

總油量 880g

氫氧化鈉（已減鹼5%）121g

水 300ml

總重 1321g

添加物
白珠光粉 1匙
竹炭粉 1匙
珊瑚紅礦泥粉 1匙
薰衣草精油 20g

製作鹼液和油脂

❶ 準備鹼液和油脂：計算好氫氧化鈉的重量後，放入耐
熱塑膠杯，在通風處倒入純水，攪拌至完全溶解，等
到降溫至45℃至50℃後與油脂混合。
計算配方中所需的油量，倒入不鏽鋼鍋中。

打皂

❷ 油鹼混合後攪拌：將油脂加熱至50℃。鹼液倒入油脂
中，以打蛋器攪拌。
採順時針或逆時針方向持續攪拌約20至30分鐘，若皂
液溫度低於40℃，則須隔水加熱。以畫「8」字的方
式測試是否有達到Trace。

回鍋渲染入模

❸ 分鍋&加入添加物：分鍋前加入薰衣草精油。將皂液
分為A・B・C三鍋，A鍋加入竹炭粉，B鍋加入珠光
粉，C鍋加入珊瑚紅礦泥粉，三鍋分別攪拌均勻。
❹ 回鍋渲染入模：將三鍋皂液混合成一鍋，隨意攪拌出
自己滿意的線條，倒入石頭模。

皂化完成

❺ 保溫：將渲染完成的皂液放入保麗龍箱，讓溫度維持
50℃至60℃，靜置約二至三天，待手工皂皂化完成後
即可進行脫模。
❻ 晾皂：放置陰涼通風處，晾皂約一至二個月，再以PE
膜包皂，放置陰涼處保存。

回鍋渲染入模

竹炭渲染石頭皂

(NEW)

㊠ 橄欖油 280g
㊞ 米糠油 120g
　　榛果油 40g
　　椰子油 160g
　　甜杏仁油 40g
　　硬棕櫚油 200g
　　可可脂 40g
　　總油量 880g
　　氫氧化鈉（已減鹼5%）121g
　　水 300ml
　　────────────
　　總重 1321g

㊞ 珠光粉 1匙
㊞ 竹炭粉 1匙
㊞ 檸檬檜木精油 20g

製作鹼液和油脂	❶ 準備鹼液和油脂：計算好氫氧化鈉的重量後，放入耐熱塑膠杯，在通風處倒入純水，攪拌至完全溶解，等到降溫至45℃至50℃後與油脂混合。 計算配方中所需的油量，倒入不鏽鋼鍋中。
打皂	❷ 油鹼混合後攪拌：將油脂加熱至50℃。鹼液倒入油脂中，以打蛋器攪拌。 採順時針或逆時針方向持續攪拌約20至30分鐘，若皂液溫度低於40℃，則須隔水加熱。以畫「8」字的方式測試是否有達到Trace。
回鍋渲染入模	❸ 分鍋&加入添加物：分鍋前加入檸檬檜木精油。將皂液分為A‧B兩鍋，A鍋加入竹炭粉，B鍋加入珠光粉，兩鍋分別攪拌均勻。 ❹ 回鍋渲染入模：將兩鍋皂液混合成一鍋，隨意攪拌出自己滿意的線條，倒入石頭模。
皂化完成	❺ 保溫：將渲染完成的皂液放入保麗龍箱，讓溫度維持50℃至60℃，靜置約二至三天，待手工皂皂化完成後即可進行脫模。 ❻ 晾皂：放置陰涼通風處，晾皂約一至二個月，再以PE膜包皂，放置陰涼處保存。

回鍋渲染入模

黑白渲染石頭皂

(NEW)

材料
- 橄欖油 280g
- 米糠油 120g
- 榛果油 40g
- 椰子油 160g
- 甜杏仁油 40g
- 硬棕櫚油 200g
- 可可脂 40g

總油量 880g

氫氧化鈉（已減鹼5%）121g

水 300ml

總重 1321g

添加物
- 珠光粉 1匙
- 竹炭粉 1匙
- 乳香粉 1匙
- 茶樹精油 20g

製作鹼液和油脂

❶ 準備鹼液和油脂:計算好氫氧化鈉的重量後,放入耐熱塑膠杯,在通風處倒入純水,攪拌至完全溶解,等到降溫至45℃至50℃後與油脂混合。
計算配方中所需的油量,倒入不鏽鋼鍋中。

打皂

❷ 油鹼混合後攪拌:將油脂加熱至50℃。鹼液倒入油脂中,以打蛋器攪拌。
採順時針或逆時針方向持續攪拌約20至30分鐘,若皂液溫度低於40℃,則須隔水加熱。以畫「8」字的方式測試是否有達到Trace。

回鍋渲染入模

❸ 分鍋&加入添加物:分鍋前加入茶樹精油。將皂液分為A‧B‧C三鍋,A鍋加入竹炭粉,B鍋加入珠光粉,C鍋加入乳香粉,三鍋分別攪拌均勻。
❹ 回鍋渲染入模:將三鍋皂液混合成一鍋,隨意攪拌出自己滿意的線條,倒入石頭模。

皂化完成

❺ 保溫:將渲染完成的皂液放入保麗龍箱,讓溫度維持50℃至60℃,靜置約二至三天,待手工皂皂化完成後即可進行脫模。
❻ 晾皂:放置陰涼通風處,晾皂約一至二個月,再以PE膜包皂,放置陰涼處保存。

回鍋渲染入模

黑白石頭渲染淋皂

NEW

材料
- 橄欖油 280g
- 米糠油 120g
- 榛果油 40g
- 椰子油 160g
- 甜杏仁油 40g
- 硬棕櫚油 200g
- 可可脂 40g

總油量 880g

氫氧化鈉（已減鹼5%）121g

水 300ml

―――――――――――

總重 1321g

添加物
- 珠光粉 1匙
- 竹炭粉 1匙
- 檜木精油 20g

製作鹼液和油脂	❶ 準備鹼液和油脂：計算好氫氧化鈉的重量後，放入耐熱塑膠杯，在通風處倒入純水，攪拌至完全溶解，等到降溫至45℃至50℃後與油脂混合。 計算配方中所需的油量，倒入不鏽鋼鍋中。
打皂	❷ 油鹼混合後攪拌：將油脂加熱至50℃。鹼液倒入油脂中，以打蛋器攪拌。 採順時針或逆時針方向持續攪拌約20至30分鐘，若皂液溫度低於40℃，則須隔水加熱。以畫「8」字的方式測試是否有達到Trace。
回鍋渲染淋皂	❸ 分鍋&加入添加物：分鍋前加入檜木精油。將皂液分鍋為A・B兩鍋，A鍋加入竹炭粉，B鍋加入珠光粉，兩鍋分別攪拌均勻。 ❹ 回鍋渲染淋皂：將兩鍋皂液混合成一鍋，隨意攪拌出自己滿意的線條，淋在石頭皂（需先製作基底石頭皂備用）上。
皂化完成	❺ 保溫：將淋上皂液的石頭皂放入保麗龍箱，讓溫度維持50℃至60℃，靜置約二至三天，待手工皂皂化完成。 ❻ 晾皂：放置陰涼通風處，晾皂約一至二個月，再以PE膜包皂，放置陰涼處保存。

回鍋渲染淋皂

三色石頭渲染淋皂

（NEW）

<table>
<tr><td>材料</td><td>橄欖油 280g</td></tr>
<tr><td></td><td>米糠油 120g</td></tr>
<tr><td></td><td>榛果油 40g</td></tr>
<tr><td></td><td>椰子油 160g</td></tr>
<tr><td></td><td>硬棕櫚油 200g</td></tr>
<tr><td></td><td>可可脂 40g</td></tr>
<tr><td></td><td>篦麻油 40g</td></tr>
</table>

材料
橄欖油 280g
米糠油 120g
榛果油 40g
椰子油 160g
硬棕櫚油 200g
可可脂 40g
篦麻油 40g

總油量 880g

氫氧化鈉（已減鹼5%）121g

水 300ml

總重 1321g

添加物
珠光粉 1匙
竹炭粉 1匙
珊瑚紅礦泥粉 1匙
迷迭香精油 20g

製作鹼液和油脂

❶ 準備鹼液和油脂:計算好氫氧化鈉的重量後,放入耐熱塑膠杯,在通風處倒入純水,攪拌至完全溶解,等到降溫至45℃至50℃後與油脂混合。
計算配方中所需的油量,倒入不鏽鋼鍋中。

打皂

❷ 油鹼混合後攪拌:將油脂加熱至50℃。鹼液倒入油脂中,以打蛋器攪拌。
採順時針或逆時針方向持續攪拌約20至30分鐘,若皂液溫度低於40℃,則須隔水加熱。以畫「8」字的方式測試是否有達到Trace。

回鍋渲染淋皂

❸ 分鍋&加入添加物:分鍋前加入迷迭香精油。將皂液分為A・B・C三鍋,A鍋加入竹炭粉,B鍋加入珠光粉,C鍋加入珊瑚紅礦泥粉,三鍋分別攪拌均勻。
❹ 回鍋渲染淋皂:將三鍋皂液混合成一鍋,隨意攪拌出自己滿意的線條,淋在石頭皂(需先製作基底石頭皂備用)上。

皂化完成

❺ 保溫:將淋上皂液的石頭皂放入保麗龍箱,讓溫度維持50℃至60℃,靜置約二至三天,待手工皂皂化完成。
❻ 晾皂:放置陰涼通風處,晾皂約一至二個月,再以PE膜包皂,放置陰涼處保存。

晾皂

國家圖書館出版品預行編目資料

陳彥渲染手工皂 / 陳彥著.
-- 三版. -- 新北市：雅書堂文化, 2018.12
　面；　公分. -- (愛上手工皂；3)
ISBN 978-986-302-467-5(平裝)

1.肥皂

466.4　　　　　　　　　　107020576

【愛上手工皂】03

陳彥渲染手工皂（經典暢銷增訂版）

………………………………………………………………………………

作　　　者／陳彥
專案執行／Fun手作工作室
發 行 人／詹慶和
總 編 輯／蔡麗玲
執行編輯／陳姿伶
編　　　輯／蔡毓玲・劉蕙寧・黃璟安・李宛真・陳昕儀
執行美編／陳麗娜
美術編輯／周盈汝・韓欣恬
攝　　　影／數位美學・賴光煜
出 版 者／雅書堂文化事業有限公司
發 行 者／雅書堂文化事業有限公司
郵政畫撥帳號／18225950
戶　　　名／雅書堂文化事業有限公司
地　　　址／220新北市板橋區板新路206號3樓
電　　　話／（02）8952-4078
傳　　　真／（02）8952-4084
網　　　址／www.elegantbooks.com.tw
電子郵件／elegant.books@msa.hinet.net

………………………………………………………………………………

2018年12月三版一刷　定價 450元

………………………………………………………………………………

經銷／易可數位行銷股份有限公司
地址／新北市新店區寶橋路235巷6弄3號5樓
電話／(02)8911-0825
傳真／(02)8911-0801

………………………………………………………………………………